周礼

★

── 世界不曾亏欠 ──
每一个
奋斗的人

周礼
著

辽宁人民出版社

© 周礼 2016

图书在版编目（CIP）数据

世界不曾亏欠每一个奋斗的人 / 周礼著 . —沈阳：
辽宁人民出版社，2016.10（2017.5 重印）
ISBN 978-7-205-08725-8

Ⅰ . ①世… Ⅱ . ①周… Ⅲ . ①成功心理—通俗读物
Ⅳ . ① B848.4-49

中国版本图书馆 CIP 数据核字（2016）第 225230 号

出版发行：辽宁人民出版社
　　　　　地址：沈阳市和平区十一纬路 25 号　邮编：110003
　　　　　http://www.lnpph.com.cn
印　　刷：北京嘉业印刷厂
幅面尺寸：145mm × 210mm
印　　张：8.5
字　　数：189 千字
出版时间：2016 年 10 月第 1 版
印刷时间：2017 年 5 月第 2 次印刷
责任编辑：蔡　伟
装帧设计：思源工坊
责任校对：吴艳杰
书　　号：ISBN 978-7-205-08725-8

定　　价：33.80 元

序

　　成功是每个人的梦想，然而在现实生活中，却只有少数人做到了，这是什么原因呢？除却一些先天的因素外，其实失败的根源在于自己。

　　成功最大的敌人不是失败，而是甘于平淡，安于现状，得过且过。一方面，人们渴望过上美满幸福的生活，而另一方面又害怕改变。人总是习惯于现有的生活状态，而不愿意做出新的尝试，结果一辈子被困在原地，只能望洋兴叹。其实，改变并没有想象的那么困难，只需要付出一丁点儿的勇气而已。

　　真正改变命运的，不是机遇和才华，而是一个人的态度。你以怎样的态度面对生活，生活就以怎样的结果回报于你。人生最大的悲哀不是失去肢体，而是失去生活的信念和目标，有了坚定的目标，一切皆有可能。

马丁·路德·金曾说:"这个世界上,没有人能够使你倒下,如果你自己的信念还站立的话。"成功需要时间积累,需要不断地努力和坚持。熬过艰难与困苦,熬过寂寞与等待,熬过打击与迷茫,痛苦最终会转化为营养,成功如三月的花香迎面扑来。

目录　CONTENTS

目录 CONTENTS

第二辑
再长的黑夜也
挡不住黎明的
到来

目 录 C O N T E N T S

目 录　CONTENTS

目录 CONTENTS

第四辑
奋斗让梦想开花

目 录　C O N T E N T S

目录 CONTENTS

第一辑

你不努力奋斗，别人就会走到你前面

很多时候，人之所以庸庸碌碌，不是因为我们没有才华，

没有能力，而是因为我们根本没有展翅高飞的信心、雄心和恒心。

如果一个人有了高远的目标，哪怕他是一只不起眼的黄雀，

也能自由自在地翱翔于天空。

命运就握在你的掌心

在这个世界上，有的人叱咤风云，位高权重，而有的人低三下四，卑微平庸；有的人金山银山，富可敌国，而有的人家徒四壁，吃了上顿没有下顿；有的人功成名就，事业辉煌，而有的人一事无成，平平淡淡；有的人一帆风顺，而有的人命途多舛。于是，有人把这归咎于命运，认为荣华富贵、功名利禄乃上天注定。

有一个年轻人十分不幸，父母早亡，孤苦伶仃，大学没有考上，好不容易找了一份工作，但干了不到一年公司就倒闭了。后来，他考了驾照，做了一名货运司机，他没日没夜地工作着，想要以此改变命运。谁知好景不长，一次疲劳驾驶，他连人带车翻到了一个山沟里，虽然保住了性命，却欠下了一屁股的债。再后来，他跟人合伙做生意，这一次他的运气不错，不仅偿还了银行的贷款，还买了房子和车子。然而，命运之神似乎总是跟他过不去，没过多久，他因为轻信于人，被骗去了一千多万，一夜之间，他又变成了一个穷光蛋。经历了这一连串的打击，年轻人彻底绝望了，他取下腰间的皮带，挂在树上做成一个套，想要就此了结自己的生命。幸好一位路人经过，救了他一命。

　　路人不解地问年轻人："你有什么想不开的，竟干出这等蠢事。"年轻人泪流满面，他将自己的不幸遭遇一一告诉了路人。路人听后感叹说："你的遭遇的确让人同情，但无论如何你也应该好好地活着，连蝼蚁都懂得爱惜自己的生命，更何况是人呢？"

　　年轻人点点头，表情痛苦地问路人："你相信命运吗？"

　　路人郑重地回答说："我相信。"

　　年轻人问："那我如何才能改变自己的命运呢？"路人没有立即回答，而是让年轻人将手慢慢收拢，并紧紧地握成拳头。随后，路人淡淡地说："你现在瞧瞧，你的命运掌握在哪里？"

　　年轻人毫不犹豫地回答说："当然在我的手心里。"

　　路人语重心长地说："对！命运就在你的手心，选择什么样的人生，完全由你自己决定。虽然你现在失去了财产，失去了事业，失去了爱情，但你还有健康的身体，还有聪明的大脑，还有丰富的人生经验，只要你愿意，一切还可以从头再来。"

　　年轻人听后恍然大悟。从那以后，无论遇到怎样的不顺，他总是付之一笑，因为他始终坚信：**命运掌握在自己的手里，从哪里跌倒，就从哪里站起来，世上没有永远的幸运，但也没有永远的不幸，只要坚持不懈地奋斗，终有一天会过上自己想要的生活。**

做了才会知道结果

　　在做一件事情以前，我们总是顾虑重重，担心这，担心那，结果这件事还没有做就胎死腹中。针对这个问题，有一位学者做了一个实验，他让试验者把最担忧的事一件一件地写在纸上，然后过一段时间再打开，看有多少事情真正发生了。结果出人意料，人们所忧虑的事有90%以上都未发生，原来大部分的忧虑都是多余的。

　　有着"电脑大王"之称的王安在小时候就遭遇过这样一件事：有一次，他在外面玩耍，发现树上掉下一个鸟窝，里面还有一只不会飞的雏鸟，模样非常可爱。王安喜出望外，打算把这只鸟儿带回家中喂养，可就在他准备拾起地上的鸟儿时，他的眼前突然闪过母亲严厉的目光。母亲向来反对他养宠物，尤其是外面捡来的小动物。王安想，如果贸然将小鸟带回家，母亲不仅会毫不留情地将它扔出去，还可能狠狠地骂他一顿。想到这些，王安一下子陷入了烦恼之中，他不知道自己应该放弃小鸟，还是坚持自己的想法。

　　后来，王安想出了一个办法，他先将小鸟藏在一个隐蔽的地方，然后再回家跟妈妈商量，如果妈妈同意，他就将小鸟带回家，如果妈妈不同意，他就在外面悄悄地养。于是，王安匆匆忙忙地回到家里，并将自己的想法告诉了妈妈，他本以为妈妈会大发雷霆，拒绝他的请求，但他做梦也想不到，妈妈的态度非常温和，她微笑着对王安说："我儿子这么有爱心，妈妈支持还来不及，又怎么会反对呢？你赶紧将它带回来，别让它饿着了。"

王安听后飞快地跑出家门，来到他藏鸟儿的地方，然而，让他失望的是，那只鸟儿不见了踪影，旁边只有一只舔着嘴唇的野猫，显然那只鸟儿已经被它吃掉了。事后，王安非常懊悔，如果之前他果断地将鸟儿带回家，或许就不会发生这样的悲剧了。这件事对王安的人生影响很大，以至于后来，无论他遇到什么麻烦，总是乐观地看待一切，并尽自己最大努力去完成。因为他知道，很多事情只有做了，才会知道结果，之前再多的担心都是白费。正是凭着这种勇于实践的精神，王安后来发明了"磁芯记忆体"，并成为美国的五大富翁之一。

这样的事情我也曾亲身经历过。那天，我因孩子的转学问题需要办一个手续，之前，我有两个方面的忧虑，一是找不到人，因为学校已经放假，不少领导都度假或旅游去了，找人是一件很麻烦的事情；另一方面，现在找人办事都讲究关系，可我什么关系都没有，人家会给我办吗？怀着惴惴不安的心情，我来到了主管教育部门，没想到一位年轻的女士热情地接待了我，她看了我带来的资料后，二话没说，立刻签字盖章，丝毫没有为难我。接着，我又去了学校，只见办公室的大门紧闭，里面果然没有人，不过，门上却贴着一张纸，上面有某领导的联系电话。我抱着试一试的态度拨通了那个电话，十几分钟后，一位负责人来到我的面前，他仔细地审查了一遍资料，也毫不犹豫地签字盖了章。就这样，我花了不到一个小时就把困扰我多日的事情一下子搞定了。原来，**很多事情并没有我们想象的那么麻烦、复杂，只要你大胆去做，就会有意想不到的收获。**

成功并没有想象的那么难

一些成功人士在谈及自己的创业经历时，总是喜欢夸大其词，什么劳其筋骨，什么饿其体肤，什么悬梁刺股，什么废寝忘食……将成功说得像天上的月亮一样高不可攀，遥不可及，让无数的后来者望而却步。成功真的那么难吗？

无可厚非，成功需要付出巨大的努力，但也并非人们想象的那么难。有一次，一位世界知名企业家举办了一场声势浩大的演讲会，慕名而来的有志青年不计其数，黑压压地坐满了整个会场，大家都想从企业家那里获得成功的经验和方法。

不一会儿，在大家的殷切期盼中，企业家笑容可掬地走向了主席台。大家猜想企业家肯定会发表一大通振聋发聩、感人肺腑的金玉良言，可让人意想不到的是，企业家上台后一言不发，只是拿着手中的锤子，不停地敲打着前面的一张桌子。由于桌面是用坚硬的钢化玻璃做成的，企业家敲打了数十下，桌子依然完好无损。

企业家的疯狂举动，令台下的听众目瞪口呆，虽然大家不明白企业家为什么要使劲地砸桌子，但出于尊重和礼貌，没人上前去打断他。大约过了半个小时，企业家累得气喘吁吁，满头大汗，但他仍然努力地坚持着，丝毫没有停下来的意思。

大家觉得这场演讲特没意思，正准备离场而去时，突然，一阵清脆的响声打破了会场的沉寂，大家惊奇地发现，企业家面前的桌子碎成了一地。随后，企业家抹了抹额头上的汗水，微笑着对大家说："其实，成功并没有你们想象的那么复杂，就像我面前的这张桌子，虽然它表面上看起来十分坚固，但只要我们朝着同一个位置不停地敲打，用不了多久，它就会屈服于我们的执着。"

还有一位叫彼尔的作家，他十分喜欢养鸟，并专门在后院里安装了一个喂鸟器。有一天下午，彼尔惊奇地发现，一群松鼠闯了进来，不仅吃光了喂鸟器中的所有食物，还吓得鸟儿四处逃散。彼尔十分生气，他立即到商店，买了一个带有铁丝网的防松鼠喂鸟器，他满以为这次万无一失，从此可以高枕无忧了。谁知，没过多久，他的喂鸟器还是被松鼠破坏了。

彼尔怒不可遏地找到商店的老板理论："你卖的是什么防松鼠喂鸟器呀，一点儿也不管用，你必须赔偿我的损失。"商店老板不慌不忙地说："先生，你别生气，我会赔偿你的，不过，你要明白，这个世界上根本就没有真正的防松鼠喂鸟器。"彼尔认为商店老板是为了推卸责任，于是他鄙夷地说："你开玩笑吧！以现在的科技水平，竟然阻止不了一只小小的松鼠？"商店老板严肃地说："是的，先生。我想请问你一个问题，你每天大约花多少时间监视松鼠？"彼尔回答说："不太清楚，大约十来分钟吧。"商店老板继续问道："那你知道松鼠每天用多少时间来破坏你的喂鸟器吗？"彼尔摇了摇头。商店老板说："它们醒着的每时每刻，因为松鼠一天中有98％的时间都在寻找食物，没有什么东西能抵挡得住它们的进攻。"

原来，**成功就这么简单，只要你肯将大部分的时间都用于做同一件事上。**

从最容易实现的目标做起

阿曼西奥·奥特加出生于西班牙西北部的加利西亚地区，后来随父母搬到了拉科鲁尼亚，那儿被称为"世界的尽头"，也是西班牙最贫穷的地方，人们多以打鱼为生，是一个典型的渔村。

一天，奥特加经过一家杂货店时，嚷着要吃糖，母亲无奈，只好厚着脸皮对店老板说："先生，我身上没带钱，您能不能赊几颗糖给我？"店老板头也不抬地说："没钱你买什么东西，赶紧走开，别妨碍我做生意。"尽管当时奥特加只有 12 岁，但这件事却在他的脑海里烙下了一个深深的印迹，他暗暗发誓，将来自己一定要出人头地，不让这样的事情再发生在母亲的身上。

13 岁那年，奥特加遭遇了人生的一次重大转折，父亲微薄的薪水已无法维持家庭的运转，他不得不辍学回家，进了一个服装店当学徒。虽然拉科鲁尼亚是海盗和走私犯经常出没的地方，但也是一个御用裁缝辈出的地方，许多穷人家的孩子都被送到裁缝铺里，期望学好技术改变命运。然而，奥特加却不甘愿做一个裁缝，他想做老板、做富翁，因此，他时常懈怠工作，跑出去跟别人学做生意。

对此，裁缝店的师傅十分不满，他严肃地对奥特加的父亲说：

"如果你的孩子不想跟我学手艺，那你就趁早领回去吧，免得耽搁彼此的时间。"奥特加的父亲赶紧赔礼道歉，并承诺好好教育孩子。

晚上，父亲将奥特加叫到院子里，若无其事地说："孩子，你有远大的目标这很好，可是你也应该考虑一下眼前的境况，在西班牙，没有几个企业家是白手起家的，他们大多都有着显赫的家境背景或政治背景，你拿什么跟别人比拼呢？当然，我说这话不是为了打击你的自信心，而是要让你明白，一个干大事业的人，必须要有自己的资本，而资本不是说几句大话就可以得到的，得靠自己在实践中慢慢地积累。这就像烧开水，如果你只有几根柴火，根本不可能将一锅水烧开，但如果你多拾些柴火，或倒掉一部分水，你就能成功地将水烧开。做人和做事都是如此，你别指望天上掉下馅饼，也别指望一夜暴富。**目标过多，或过于遥远，都无异于妄想，与其每天做白日梦，不如放低自己的目光，脚踏实地地做好身边的每一件事，从最容易实现的目标做起，或许你就会一步一步地接近成功。**"

听了父亲的诉说，奥特加若有所悟，从那以后，他不再整天梦想着做富豪，而是认真地学习如何做衣服。谁也没有想到，不过短短数十年的时间，奥特加就从一名学徒升格为了一位裁缝师傅，又从一位裁缝师傅升格为了一位服装设计师，又从一位服装设计师升格为了一家睡袍店的小老板，又从一家睡袍店的小老板升格为了世界时尚品牌 ZARA 的首席执行官。如今，奥特加已是全球十大富豪之一，拥有 570 多亿美元的净资产，真正实现了他当初的梦想。

除了种瓜，还可以种豆

那年秋天，我应聘失败，情绪十分低落，自卑迷蒙了我的双眼，总觉得自己很无能。父亲见状，本想安慰我几句，但他又不知道说什么。父亲是一个地地道道的农民，没有多少文化，一年四季，大部分的时间都在跟泥土打交道，并且父亲不是一个能说会道的人，很多时候，他鼓励我的方法就是一个眼神，或是一个简单的动作。

第二天，父亲让我跟他一同下地，当然，他不是为了让我干活，而是让我分散一下注意力，缓解一下郁闷的心情。来到地里，一片碧绿的大豆映入我的眼帘，只见粗壮的豆秆上挂满了胀鼓鼓的豆荚，像一个个胖嘟嘟的孩子，十分惹人喜爱。父亲微笑着对我说："你瞧，这些豆子长得多好啊！再过一段时间就可以收割了，起码能产四五百斤。"

我点点头说："那是当然，您可是咱们村有名的种植能手，种出来的庄稼肯定比别人好。"

父亲听后，摇摇头说："那也未必，去年，我在这儿种了一片西瓜，不仅产量低、个头小，而且口感也很差。"

我笑着说："那一定是您种植的方法不对，不然，怎么会出现截然不同的结果呢？"

父亲说："这跟种植方法没有关系，关键在于土壤，每一种植物都有适合它的土壤，当然，也有不适合它的土壤，这就需要摸清它们的生活习性。有时，我们播下种子，没有获得丰收，不是土壤有问题，而是其他方面的原因，比如干旱、病虫害等，或者压根儿就不适合栽种这种作物。不过，孩子，你要始终坚信，只要是土地，就一定能种出庄稼，如果种瓜不行，那我们就试着种豆，如果种豆不行，那我们就试着种菜，如果种菜不行，那我们就试着种麦子……"

父亲顿了顿，慈爱地凝视着我，然后又接着说道："其实，做人也是如此，当不了商人，我们就当工人；当不了工人，我们就当农民，社会上那么多职位，你又何必只盯着某一个呢？很多时候，不是你不行，也不是你不够努力，而是你没有找到适合自己的工作。你应聘失败，并不意味着你没有本事，没有能力，只说明你不适合干这项工作。就像这块地，同样的土壤，同样的浇灌方法，种瓜没有收成，而种豆却能丰收。你不妨试试其他工作，说不定会有意想不到的收获。"

父亲说得很煽情，就像一个睿智的学者。直到这时，我才明白父亲叫我来豆地的真正目的，他是想通过种豆，告诉我**不要轻易地否定自己，也不要钻牛角尖，凡事往好的方面想**。从那以后，每逢遇到不顺心的事，或遇到过不去的坎时，我总会想起父亲那句意味深长的话："除了种瓜，还可以种豆。"

不止一种出路

那年，他和众多做着发财梦的青年一样，兴致勃勃地前往加利福尼亚州淘金。然而，到了那里之后，他才失望地发现，淘金的人多如牛毛，即便努力地工作，也挣不了几个钱，并且一些恶汉还强行划定地盘，不许后来者进入，基本上形成了一种垄断。他尝试了好几次，结果都被人打了出来，就这样，他淘金的梦想在一瞬间破灭了。

怎么办呢？难道就这样灰溜溜地回去吗？他的心里实在有些不甘，自己不远万里来到这儿，就是为了改变贫穷的命运，现在旅资耗费了，时间也耽搁了，而自己却两手空空。尽管他感到有些心灰意冷，但还是不住地给自己打气，困难只是暂时的，危机中一定蕴藏着转机，我绝不会被困住的！

经过几天的细心观察，他终于从那些淘金者的身上看到了一线希望。其实，除了淘金之外，完全可以做点别的事情，比如卖水和帐篷等。由于大量淘金者疯狂地涌入西部，这儿的日常消费急剧增加，旅馆的价格更是成倍上涨，很多的淘金者只能露宿街头。如果能够为他们提供一些廉价的帐篷和生活必需品，那样也是一笔不小的收入。打定主意后，他将身上所有的积蓄拿出来，开了一间杂货店，主要出售水和帐篷。真是"有心栽花花不开，无心插柳柳成荫"，他的生意竟然异常火爆，没过多久，腰包就鼓了起来。

他满以为自己的幸福生活就要来临，谁知，好景不长，一些人见他生意做得好，纷纷效仿，一时间多了无数的竞争者。所谓僧多粥少，这锅饭渐渐不够分了，他的生意一落千丈，仓库里积压的帐篷堆积如山，他再一次陷入了绝境，怎么办呢？淘金不成，卖帐篷也不成，难道这次自己真的要卷铺盖走人了吗？

就在他濒临崩溃之时，一个淘金工来到他店里买东西，那人一边掏钱，一边抱怨说："棉布衣服太不耐穿了，才几天工夫就磨破了，再这样下去，恐怕只有赤身裸体地工作了。"说者无心，听者有意，这本来只是淘金工的一句牢骚之言，但在他听来却犹如一剂良药。他想，如果用那些积压的帐篷做成衣服，不仅可以化解眼前的危机，说不定还能开创出一条新的路子。这儿的淘金工少说也有十多万，一人买一套，收益也是一个天文数字。

当天下午，他赶紧买来剪刀和针线，用帆布简单地缝制了几件衣服，并挂在店里出售。没想到有人竟然出高价买走了，他立刻意识到这是一个千载难逢的机会，开始大批量生产帆布衣服。由于这种衣服经久耐用，而且价格也不贵，很快便成了淘金工统一的工作服。随后，他找了一流的设计师，聘请了专业的裁缝，将这种衣服扩大到了所有的人群，并打造为一种时尚服饰。再后来，经过不断的改良和创新，这种衣服成了风靡全球的时装品牌——Levi's（李维斯）牛仔裤。

他就是"牛仔裤之父"李维·施特劳斯。原来，**成功就这么简单，只要将目光放得高远些，就能摘到梦寐以求的金苹果。**

别为一块面包祈祷

　　小时候，马克·吐温家里十分贫穷，受冻挨饿是常有的事，偏偏他的同桌比较富有，每天都会带一块香喷喷的面包来学校，尽管有时她会问，你需要来一点吗？但马克·吐温总是咽着口水回答，不，不需要，谢谢！其实，在马克·吐温心里，他最大的愿望，就是拥有一块跟同学一模一样的面包。

　　有一次，马克·吐温看见霍尔太太在做祈祷，样子庄重而严肃，他好奇地问："世界上真有上帝吗？"霍尔太太点点头说："是的，万能的上帝能帮助我们每一个人。"马克·吐温听后，立刻想到了自己的梦想，他激动地说："那我祈祷上帝，他会给我想要的东西吗？"霍尔太太微笑着说："那是当然，上帝最仁慈了，只要你用心祈祷，他一定能帮你实现你的愿望。"

　　霍尔太太的话让马克·吐温深信不疑，从那以后，他每天晚上都要做一件事——虔诚地向上帝祈祷，赐予他一块香甜的面包。为此，马克·吐温还准备了一个特大的盘子。有一天，马克·吐温自豪地告诉他的同桌——那个每天都会带一块又香又甜的面包的小女孩，用不了多久，我也会拥有一块大大的面包，到时请你一起品尝。

　　可是，日子一天天过去了，马克·吐温依然两手空空，上帝根本没来光顾他。马克·吐温感到有些郁闷，他找到霍尔太太，失望地说："上帝怎么听不到我的祈祷呢？是不是他没有面包啊？"霍尔太太安慰马克·吐温说："你别轻易怀疑上帝，要知道，天下不止你一个小孩，大家都在祈祷，而上帝只有一个，他怎么忙得过来呢？你别着急，慢慢等吧！总有一天，上帝会听到你的声音，并帮你完成心愿。"

　　马克·吐温耐着性子，又足足祈祷了一个月，但上帝还是没有光临。无奈之下，他只好向同桌道出了实情，那个小姑娘听后，呵呵地笑着说："你真傻，一个面包值多少钱啊？你有时间祈祷，为什么不去赚钱买面包呢？"小姑娘的话深深地触动了马克·吐温的心灵，是啊！与其傻傻地等待上帝恩赐，不如主动出击，自己争取。

　　经历了这件事后，马克·吐温不再祈求上帝，而是以实际行动获取自己想要的东西，起初他一边上学一边打工，后来他的父亲不幸去世，他不得不离开学校独自谋生，当过印刷厂学徒，当过送报员，当过排字工，当过水手和淘金工……无论遭遇到怎样的不幸，他始终坚信，上帝不会改变自己的命运，只有自己才能改变自己的命运。多年后，马克·吐温凭借自己不懈的努力，终于成了美国著名的作家和演说家。

　　也许我们每个人都曾有过小马克·吐温的想法，期望得到上苍的垂怜，或得到别人的帮助，以此实现自己的梦想，而事实上，求人不如求己，只有辛苦付出才是最真实的、最可靠的。

父亲的种地哲学

　　我的父亲是一位地地道道的农民，他没有读过什么书，也没有见过什么大世面，一年四季，总在那几亩田地里忙活着。在别人的眼里，父亲就是一个本本分分的庄稼汉，而在我的眼里，父亲却是一位伟大的哲学家。

　　有一年春天，父亲在东边的山坡上种了一片玉米，那是一块向阳的好地，平整而肥沃，不管种植什么农作物，总会有不错的收获。父亲是一个尽职的农夫，每隔一段时间，他就会去除一次草，浇一次水，施一次肥。我原以为，这些玉米在父亲的精心呵护下，一定会茁壮成长，结出又大又长的玉米棒。谁知天不遂人愿，整个春天只下了一场像样的雨，再加上虫害肆虐，收成几乎减了一半。

　　我问父亲："收成这么差，您明年还在这片地里种玉米吗？"父亲点点头说："那是当然！这季收成不好，并不代表下季收成也不好。作为庄稼人，农作物歉收是常有的事，没有必要耿耿于怀，只要土地没有问题，种子没有问题，耕种方法没有问题，就一定能种出好庄稼来。"父亲信心满满，丝毫没有受到失败的打击。

　　到了第二年春天，父亲果然在那块地里又种了一片玉米，还是每隔一段时间去除一次草，浇一次水，施一次肥。这一次，父亲的运气不错，风调雨顺，也没有什么虫害，地里的玉米长势喜人，不仅个头大，而且米粒十分饱满，还散发着一股淡淡的清香。那一年，父亲的玉米获得了特大丰收，产量超过了之前所有的记录。

父亲自豪地对我说："怎么样，我说得没错吧？**没有永远的好运，但也没有永远的厄运**。种庄稼如此，做事也是如此，你不要指望每次付出都能大获丰收，毕竟有时会遇到干旱、冰雹、泥石流等意想不到的灾害；但你也**不用担心每次都空手而归，毕竟有付出就会有回报，哪怕是从失败中得来的经验与教训。其实，不管做什么事，都重在执着与坚持**。我是一个农民，我不会因为一次歉收就放弃耕种，当然我也不会因为一次丰收就得意忘形，沾沾自喜，土地是我永恒的伴侣，也是我永恒的事业。"

还有一次，我看见父亲在菜园里种菜，一时兴起，也跑过去种了几行，还特地做了一个记号。我想看看，到底是父亲种的菜好，还是我种的菜好。到了收获的季节，我失望地发现，我种菜的地方几乎看不见菜，只有茂密的杂草；而父亲种的菜嫩生生的，水灵灵的，刚拿到市场上，就被人们一抢而空。父亲笑眯眯地对我说："孩子，种菜和做人一样，**光有理想和热情是不够的，还得付出辛勤的劳动，汗水是浇灌成功的最好养料**。"

父亲不是哲学家，但他却用种地的经验告诉了我许多做人的道理。正是因为有了父亲的正确教导，所以在以后的人生道路上，无论我遭遇到多少磨难，多大失败，我总是泰然处之，一笑而过，将它视为成长的必然。我知道，父亲永远是我坚强的后盾，是我力量的源泉。

一粒豆子的用途

从前，有一个农夫种了一片豆子，等到成熟后，他将收获的豆子拿到市场上去卖。他原以为可以卖一个好价钱，谁知，那年豆子普遍丰收，卖豆的人犹如赶集一般，尽管价格已经压到了最低，但依然不容易脱手，无奈之下，农夫只好将豆子挑回了家。

望着一粒粒金灿灿的豆子，农夫犯愁了，总不能眼睁睁地看着这些豆子发霉烂掉吧。后来，农夫想了一个办法，他将这些豆子加了水，放进一个容器里，然后在上面盖上一层纱布，没过几天，里面就长出了一团团又肥又嫩的豆芽。于是，他摇身一变，成了卖豆芽的小贩，整日穿梭于大街小巷。

刚开始，他的豆芽生意还不错，每天都能卖出好几桶，但没过几天，其他农户纷纷效仿，他的生意一落千丈。眼见豆芽的生意做不成了，聪明的农夫又想出一个办法，他将豆苗移栽到花盆里，然后做成植物盆景卖给城里的有钱人，让他们身居高楼也能体会一把做农夫的感觉。果然，他的这个创意受到了不少人的青睐，他的豆苗盆景卖得十分火爆。就这样，农夫不仅处理掉了那些卖不出去的豆子，还狠狠地赚了一笔。

　　第二年，农夫又种了一片豆子，同样获得了丰收，可是这一年豆子的行情依然不景气，很多豆农血本无归，发誓再也不种豆子。望着仓库里堆积如山的豆子，农夫陷入了绝望，他想，今年的豆子恐怕很难卖出去了。

　　这天早上，农夫来到一家路边摊吃早饭，他要了两根油条和一碗豆浆。油条的味道还不错，香喷喷的，松脆而有韧劲，但豆浆却不敢恭维，分明就是勾兑的，一点豆香都没有。于是，农夫灵机一动，何不将那些豆子做成豆浆，卖给城里的那些早餐店呢？说干就干，农夫将家里那座荒废了很多年的石磨搬了出来，他要让大家吃到最好、最香的手磨豆浆。然而，让农夫失望的是，早餐店都不愿订他的豆浆，原因是他的豆浆价格比勾兑的贵了好几倍，再加上现在喜欢喝豆浆的人越来越少了，鲜豆浆根本没有多大的市场。

　　怎么办呢？难不成将那些磨好的豆浆白白地倒掉，农夫再次陷入了绝望。没办法，最后农夫只好将那些豆浆做成豆腐，期望能减少些损失。让农夫做梦也没想到的是，由于他的豆腐是手磨的，口感比机器做的好了许多，再加上分量足，价格公道，顾客络绎不绝，一锅豆腐往往刚刚出炉，就被大家抢购一空。就这样，农夫不仅从中小赚了一笔，还学会了如何做生意。

　　从那以后，不管遇到什么状况，农夫都是乐呵呵的，他从不担心自己的豆子卖不出去，因为他知道，一粒豆子有很多种用途。当豆子卖不出去时，就做成豆浆；当豆浆卖不出去时，就做成豆腐；当豆腐卖不出去时，就做成豆腐干；当豆腐干卖不出去时，就做成豆腐乳；当豆腐乳卖不出去时，就做成豆芽；当豆芽卖不出去时，就卖豆苗；当豆苗卖不出去时，就种到地里，来年又会收获一大仓的豆子。

卖豆如此，做人亦是如此。**无论我们遭遇到多大的挫折和不幸，都不要轻言放弃，也不要轻易地否定自己，此路不通，那就换一条道。**人除了下地种菜，还可以当街吆喝；除了搬砖头，还可以扛钢筋；除了做诗人，还可以搞设计；除了给别人打工，还可以自主创业……每个人都有许多种用途，都有无数条出路，那我们又何必为一时的不如意而灰心丧气呢？

人生是一场万里长跑

　　有两个年轻人，一个叫阿华，一个叫阿兵，大学毕业后他们进了同一家公司，工资都是每月 1500 元。对于这份工作，他们两人有着不同的看法。阿华想，我刚进入社会，没有什么经验，能找到工作就不错了，就当是学习吧，只要自己好好干，做出成绩来，升职加薪那是迟早的事。而阿兵想，待遇实在太差了，但眼下又找不到更好的工作，只能先干着吧，等以后有机会再去别的单位。

　　虽然两人都觉得工资有些低，但这并未影响到他们的工作积极性，两人你追我赶，恪尽职守，把公司当成了自己的家。公司领导看在眼里，暗暗将他们作为培养的对象。不知不觉两年过去了，其间调了三次薪，他们的工资也涨到了两千五百元。但阿兵并不满足，因为这离他的目标还很远，而阿华则不是很在乎，他是一个乐天派，什么都往好处想。他安慰阿兵说："慢慢来吧，没有人能一锄挖个金娃娃。"

　　一天，阿华和阿兵出去闲逛，正好看到一家公司在招聘业务员，月薪 3000 元，年底还有红利。阿兵心动了，他高兴地对阿华说："要不咱们跳槽吧，反正待在这儿也不会有什么发展，不如趁早离开。"阿华反对说："算了吧！就500块钱的差距，我们好不容易才迈上正轨，要是就这么走了，之前的努力不都白费了吗？"阿兵见劝说无效，只好一个人去了新公司。

　　一年后，阿华偶遇阿兵，见他西装革履，混得好像还不错。阿兵关切地问："兄弟，你过得怎么样，还在那家公司上班吗？"阿华点点头说："嗯！还在那里，你呢？"阿兵说："我又找了一家新的公司，月薪5000元，还解决住房。要不你过来跟我干吧，别在一棵树上吊死。"阿华摇摇头说："谢谢你的好意！老板对我挺不错的，我不能无缘无故地辞职，那样太不厚道了。"阿兵笑他傻，说人不为己天诛地灭。

　　十多年后，两人再次见面，但出乎意料的是，阿华已经是一家上市公司的CEO了，而阿兵还是一个看人脸色的打工仔。在这十多年里，阿兵总是这山望着那山高，他不断地跳槽，不停地追求高薪，但始终没有找到一份满意的工作。而阿华则不同，他在那家公司一干就是七八年，默默地坚守着，努力地奋斗着，最终从一名普通职员升任到了公司总经理。在这七八年里，他不仅磨砺了自己的意志，建立了广泛的人脉，还掌握了公司的运转流程和模式，以及丰富的管理经验，更重要的是他有了创业的第一笔资金。没过多久，他果断地向公司递交了辞呈，开始了自己新的征程。

　　原来，人生是一场万里长跑，要有长远的目标和坚持不懈的韧劲。缺乏理想，或者只顾眼前利益的人，是没有什么前途可言的。

你不展翅，没人能让你高飞

　　一天，我去公园玩耍，发现东南角的水池里游着两只美丽的天鹅，只见它们全身洁白，伸着长长的脖子，显得高贵而优雅。不少游人围在池子的四周，争先恐后地给它们投食、照相。

　　对于天鹅，我并不陌生，儿时在李商隐的《镜槛》中读到过："镜槛芙蓉入，香台翡翠过。拨弦惊火凤，交扇拂天鹅。"还有安徒生的《丑小鸭》中也写到了天鹅。当然，令我印象最深的要数《史记·陈涉世家》中陈胜提到的一句话："嗟乎，燕雀安知鸿鹄（古时对天鹅的称呼）之志哉！"

　　那时，天鹅在我的心目中，简直就是天使的化身，雄心壮志的代言。但我万万没有想到，如今这两只骄傲的白天鹅竟然居住在这样一个狭小的水池中，并且毫不在意，一副悠然自得的样子。这样想着，我不禁向它们投去几分鄙夷的目光，我一向认为，天鹅的家不是湖泊，就是蓝天，待在池子里的天鹅，算不上真正的天鹅。

　　以前我听别人说，天鹅是世界上飞得最高的禽类，飞行高度可达九千米，能轻轻松松地跨越珠穆朗玛峰。天鹅有如此大的本领，

　　却可怜兮兮地待在池子里向人们乞食，这着实让我感到有些意外。我好奇地问公园里的管理员："你们把天鹅放在这样一个水池里，还不设任何的防护措施，难道你们不知道天鹅会飞吗？"

　　管理员微笑着回答说："我们当然知道，但它们绝不会飞走的。"

　　我疑惑地问："为什么呢？"

　　管理员不慌不忙地解释说："一则，水池里有吃不完的食物，这不仅免去了它们四处觅食的烦恼，还不用担心受到其他动物的侵袭。有这么优越的条件和环境，你就算拿着竹竿赶它们，它们也舍不得走。二则，天鹅起飞需要助跑，没有足够的空间，它们根本飞不起来。在这两只天鹅小的时候，我们先将它们放在一个经过特殊设计的小池子里，起初，这两只天鹅拼命地想要飞走，但池子的宽度达不到它们起飞的要求，每次逃逸均以失败而告终。经过多次的尝试后，天鹅渐渐失去了信心，放弃了起飞的念头。慢慢地，它们学会了享乐，学会了安于现状，不再幻想辽阔的蓝天和湖泊，以至于后来我们将它们放进一个大池子里，它们也没有想过逃跑，或许它们早已忘记自己会飞翔了。"

　　听了管理员的诉说，我猛然醒悟，如果没有远大的志向，即便是有着"飞高冠军"之称的天鹅，也跟普通的鸭子无异，只能整天游荡在几尺宽的水池内，供人们观赏和取乐。

　　原来，很多时候，人之所以庸庸碌碌，不是因为没有才华，没有能力，而是因为根本没有展翅高飞的信心、雄心和恒心。如果一个人有了高远的目标，哪怕他是一只不起眼的黄雀，也能自由自在地翱翔于天空。

祈求土地的农夫

　　从前，有一个农夫，他最大的梦想就是拥有一块属于自己的土地，让家人过上衣食无忧的生活。为此，他每天都向神灵祈祷，希望赐予他一块土地。

　　终于有一天，天上的神灵被农夫的虔诚感动了，他化作一老者来到人间，神灵慈爱地对农夫说："可怜的人啊，我最怕看见别人受苦受难了，这样吧，你在你的脚下做一个记号，然后一直往前走，走过的地方就都属于你了。不过，你要记住一点，你务必在太阳落山之前返回你做记号的地方，否则你将一无所有。"

　　农夫听后欣喜若狂，赶紧在地上插了一根杆子，然后拼命地往前跑。一会儿工夫，农夫就跑出了十几里，回头望望，那是多少个村庄，多少顷土地啊！农夫的脸上露出了满意的微笑，从此以后，他再也不用看东家的脸色，再也不用为一日三餐而发愁了。正当农夫打算转身返回时，一个可怕的念头突然冒了出来，他想，现在日头正盛，自己完全可以再向前跑一段距离，那样就会拥有更多的土地，就可以过上更富裕的生活。于是，农夫说服自己，又向前跑了二十多里。

如果此时农夫能够停下脚步，然后沿路返回，他一定会成为当地有名的大地主。但遗憾的是，农夫已无法控制自己的欲望，土地的诱惑实在太大了。他想，只要再往前走几步，就能获得更多的土地，就能拥有更多的财富，自己为什么要放弃到嘴的肥肉呢？就这样，农夫不停地向前走着，直到精疲力竭，瘫倒在地上。而此时，他根本没有力气和时间再沿途返回了，只能眼巴巴地望着身后那片辽阔的土地悔恨哀伤。

原来，**贪婪是阻碍一个人成功的最大的绊脚石，只是很多时候我们被利益蒙蔽了双眼，很难发现罢了。**记得有一位世界闻名的心理学家曾做了一个实验，他让一名老师给班上的每一位同学发几颗他们最喜欢吃的糖，并对他们讲明，要是谁在十五分钟内没有吃掉桌子上的糖，就可以获得十倍的奖励。

老师将糖发放完毕后，立即退出了教室，心理学家透过摄像头默默地注视着孩子们的一举一动。前五分钟，孩子们盯着桌子上的糖，坐得规规矩矩，谁也没有伸手。然后，随着时间的推移，有个别孩子渐渐失去了耐心，看着身边触手可及的美味，他们吞咽着难以抑制的口水，心里犹如猫抓。尔后，他们朝窗外望了望，发现没有老师的踪影。心想也许老师根本就不会回来了，何必坐着干等呢？先吃一个再说。于是他们悄悄地拿起一颗糖，塞进了嘴里。尝到了第一颗糖的甜头后，他们再也无法控制自己，风卷残云般地将剩下的糖吃得精光。

　　十五分钟结束，当老师再度走进教室时，他吃惊地发现只有三个同学没动桌子上的糖，还有两个同学的桌上剩下一颗糖，其他同学的桌子上都空空如也。这位老师十分纳闷，明明先前跟孩子们说了，只要在十五分钟内不动桌子上的糖，就可以获得十倍的奖励，为什么孩子们就不能等等呢？

　　后来，这位心理学家对这个班的同学进行了长达数十年的跟踪调查，最后得出一个结论，这些孩子长大后所取得的成就，跟当初的测试时间成正比。经受住了糖的诱惑的那三位同学成了社会上的名流和佼佼者，剩下一颗糖的那两位同学在单位里担任着重要的职位，而最先吃糖的那几个同学生活处境最为艰难。

改变人生的两小时

在一次同学聚会上，有一位同学特别引人注目，因为他取得了非凡的成就。在大家的印象中，这位同学不是一位优秀的人，成绩平平，各方面的能力也很一般。然而，谁也没想到短短十余年时间，他就超过了班上所有的人。于是，大家纷纷向他投去羡慕的目光。

饭后，大家不约而同地问起了他成功的秘诀，他听后耸了耸肩，淡淡地说："其实也没什么，只不过我把大量的时间用在了做同一件事上。"

原来，大学毕业后，这位同学给自己定下了一个长远的奋斗目标，无论每天工作有多忙，他都尽量挤出两个小时的时间，坚持学习市场营销和企业管理。几年后，他辞职下海，自己开起了公司。由于掌握了丰富的营销知识和管理经验，他的生意做得风生水起，很快就成了远近闻名的企业家。

听了他的故事之后，大家都感到十分后悔，因为他们拥有同样多的业余时间，但基本上都浪费在了无聊的网络游戏和牌桌上。此时，他们才深刻地认识到，**人与人之间的差距不在于文凭的高低，**

也不在于能力的强弱，而在于是否将零散的业余时间用于学习，是否数十年如一日地坚持做某件事。平庸与卓越，往往只在人的一念之间，抑或消极与积极的生活方式之中。

除了工作之外，每个人都有大把的业余时间。在这里，我们不妨算一笔时间账，假如每天中午十二点下班，下午两点上班，中间有整整两个小时，除却做饭和吃饭的时间，至少能够剩下半小时。假如每天下午五点半下班，每天晚上十点钟睡觉，中间有整整四个半小时，除却料理家务和教育孩子，至少能够剩下一个半小时，也就是说每天至少有两个小时左右的学习时间，这还不包括双休日和节假日。

你可别小看这两个小时的时间，如果坚持下去，常常能创造奇迹。以一本十万字的书为例，如果你每天阅读两小时，大约能看两万字，而五天左右就能读完一本书，一个月就能读完六本这样的书，而一年就能读完七十二本这样的书，是不是觉得很惊人啊？而事实上，只要下定决心，你也同样能够做到。

每天两小时，对于我们普通人来说都算不了什么，不过是少看一会儿电视，少玩一会儿电脑，少打一会儿麻将，但这两小时所积累的正能量却是无法估量的，所创造的经济价值也是无法想象的。居里夫人利用零散的业余时间，发现了放射性元素镭，奠定了现代放射化学的基础；马里奥利用零散的业余时间，创作了长篇小说

《教父》，成为美国文学的一个转折点；奥斯勒利用零散的业余时间，研究出了第三种血细胞，为人类医学做出了杰出的贡献……

其实，成功就是一个不断积累和沉淀的过程，如果你也想干一番事业，那就不要犹豫，赶紧从现在做起，利用零散的业余时间，每天坚持做一件事，相信在不久的将来，你也会成为一位了不起的大人物。

父亲的秘诀

　　我的父亲是一位优秀的建筑工人，无论走到哪里，都深受老板的喜爱和器重。父亲修建的房子，几乎从未返过工，也从未出现过什么质量问题。因为父亲的手艺好，方圆几十里无人不知无人不晓。同时，也因为父亲的手艺好，我们一家人跟着他沾了不少光。小时候，每次父亲干完活回来，总会变魔术般地变出许多东西来，诸如瓜果、糖和肉等，那都是主人感谢他的。

　　我一直以为父亲有什么过人的天赋，要不然他怎么会学得如此好的一把手艺呢？因为在武侠小说里，那些名动江湖的大侠，往往都有一副好筋骨。我想，父亲多半也是如此。有很长一段时间，父亲都是我崇拜的偶像。有时，我甚至想，要是我能遗传父亲些许基因该多好啊！

　　17岁那年，我爱上了文学，写了很多的散文、小小说和诗歌，但由于文笔尚嫩，发表的作品微乎其微，几乎屡投屡不中。那段时间，我苦恼极了，觉得自己根本不是写作的料，想要就此放弃。父亲知道后，并没有怎么责备我，而是跟我交流起了他修房子的经验。

　　父亲问我："你知道为什么我的技术比别人好吗？"我肯定地回

答说："当然是因为你的领悟力高，聪明人做什么都比别人快，比别人好！"

父亲听后，摇了摇头说："你错了！许多人都误以为我的天赋极高，其实，我也只是一个普通人，他们根本不知道，我的天资还赶不上他们。"

父亲的话犹如一颗炸弹，在我的心里炸开了锅，我简直难以置信，疑惑地望着父亲说："那为什么你做事情总是比别人做得好呢？"

父亲丝毫没有觉得惊讶，他淡淡地回答道："那是因为我比别人付出得多，别人用一个小时完成的事情，我通常要用两个小时，或者三个小时，高付出，必定会有高回报，所以我成了行业里的骨干和精英。"

父亲凝视着我，顿了顿，又接着说："你码字跟我码墙一样，需要勇气、耐心和毅力。刚开始，我也不相信自己能建起一座座高楼大厦，但后来经过努力，我确实做到了，不但能让一座高楼拔地而起，还能让它更结实，更安全，更美观。没有什么事情能一蹴而就，你不要着急，慢慢来，只要掌握了码字的技巧，我相信，将来你也能码出一本本漂亮的好书。"

我点了点头，然后微笑着问父亲："那以您的经验，我具体应该怎样做呢？"

父亲坚定地回答说："重复，重复，再重复！这就是我成功的秘诀。你可别小看了简单的重复，它往往能创造一个又一个的奇迹。简单的事情中蕴含着许多的细节，而这些细节就体现了一个人的能力和本事。一件看似很繁杂的事情，只要你一遍又一遍地重复，就能由生到熟，由熟到精，由精到巧，自然就会发现别人没有发现的东西，掌握别人没有掌握的领域，甚至创造出新的方法，新的路径，成功就是这样一点儿一点儿地积累起来的。"

听了父亲的诉说，我一下子恍然大悟，原来天才和大师是这样炼成的。从那以后，每逢我遇到困难和挫折时，总会想起父亲那些意味深长的话，并学着父亲的样子，不断地重复，不断地改进，不断地创新。我相信，只要数十年如一日地做一件事，没有不成功的。

不与他人争，只跟自己比

可能有些人有这样一种体会：交通越来越方便了，而人们的交往却越来越少了；房子越来越宽敞了，而人们的心胸却越来越狭窄了；兜里的钱越来越多了，而人们脸上的笑容却越来越少了；生活越来越好了，而人们的快乐却越来越少了；娱乐越来越丰富了，而人们的精神却越来越空虚了；医学越来越发达了，而人们的健康却越来越差了……究其原因，这跟人们的心态有很大的关系。

我们生活在一个快节奏的时代，职业竞争与日俱增，为了生存，人们不得不努力地工作，拼命地奋斗。竞争本来是一件好事，它既能推动社会的进步，也能提高个人的能力，但事事计较，逢人必争，是不利于他人和自己的。当良性竞争变成恶性竞争时，带来的就是勾心斗角，尔虞我诈，不择手段地排挤和打压对手，其结果往往弄得头破血流，身心俱疲。

不知道为什么，人总是喜欢与别人争，与别人比。为了一个职称，同事之间可以兵戎相见；为了一笔家产，兄弟之间可以你死我活；为了一句话，夫妻之间可以反目成仇。当看见别人买了一件品牌衣服时，不管自己是否有那个经济实力，也要勒紧裤带买上一件；当看见别人升迁时，不管自身条件如何，也想要弄个一官半职；当看见别人大把大把地花钱时，不管自己是否有这个能力，总想与别人比上一比。

与别人争和比，往往会争出烦恼，比出自卑。因为人与人之间存在着一定的差距，你不是每时每刻都争得过别人，比得过别人。争不到，自然就会徒增烦恼；而比不赢，自然就会灰心丧气。

其实，一个人完全没有必要与别人争一时之长短。法国哲学家笛卡儿曾说："除了征服自己，我们在这个世界上并无其他使命。"**人生最大的敌人不是别人，而是自己。不管你的理想是什么，奋斗的目的都是为了实现自我价值，让家人过上幸福的生活。所以，我们要学会跟自己比，今天与昨天比，明天与今天比，那样才能不断完善自我，提高自我，使自己一天比一天进步，一天比一天强大。**

《庄子·外物》中记载了这样一个故事：任国有一位公子，他心怀理想，想要钓一条大鱼，于是，他用一个大钩，一条粗绳，做了一副巨型鱼竿，还用五十头牛做诱饵，然后将钓钩抛入东海，蹲在会稽山上，等待着鱼儿上钩。可是，他足足等了一年，也没有钓到一条鱼，而那些在河沟里钓鱼的人，几乎每天都有所收获。对于这种情况，任国公子总是付之一笑，毫不气馁，认真地总结着经验和教训。终于有一天，一条超大的鱼上钩了。任国公子将这条鱼杀了，腌制成干鱼肉送给沿海的居民，大家都饱食了一顿鱼肉大餐。

试想，如果任国公子与人争一时之长短，那么他也只能在小沟小溪里钓点小鱼小虾了。

一个时期的不如意，只能代表一个时期。同样，一个时期的辉煌，也只能代表一个时期。不要看别人现在比你强，比你成功，比你有钱，比你过得好，抑或现在你比别人强，比别人成功，比别人有钱，比别人过得好，因为数年、数十年后，情况又会怎样，恐怕没有人能够说得清楚。万事万物，总是在不断地变化，不断地发展，与其和别人争，不如跟自己比。

小贩的成功秘诀

我每天都要去菜市场买菜，去的次数多了，我发现一个奇怪的现象，有一家摊主的生意特别好，前去买菜的人络绎不绝。起初，我以为这家的菜比别人家的便宜。有一次，我路过那儿，顺便问一位刚从人群中挤出来的大娘："您这金针菇多少钱一斤？"大娘微笑着回答说："6元。"我听后不禁一怔，市场上的金针菇都是6元钱一斤，并且品质跟她买的差不多。我实在想不明白，为什么大家宁愿多等一会儿，也非要去这家买呢？

或许是从众心理作祟吧！曾读过鲁迅先生写的一篇文章，一个人仰头看天，后面的人看见后，以为天上有什么奇观，于是也跟着仰起头。不一会儿，广场上聚集了很多人，大家都好奇地望着天空。其实，天上什么东西也没有，第一个人只是鼻子流血而已。喜欢逛商场的人，可能也有类似的体会，商场里的人越少，越是没人愿意进去逛，里面的人越多，外面的人就越是想进去。

或许摊主是一个年轻漂亮的姑娘吧！我的家乡曾出过一位"豆腐西施"，她做的豆腐并不比别人好吃，但每天她总是第一个卖完。

究其原因，"豆腐西施"长得十分漂亮，很多人都想借买豆腐之机，与她套套近乎，搭搭讪。所谓"爱美之心人皆有之"，面对一朵花儿，谁不想过去瞧瞧呢，这也是人之常情。我不由自主地瞅了一眼摊主，发现她是一个四十来岁的中年妇女，长得五大三粗，根本与年轻貌美搭不上边。

　　或许摊主卖的是绿色无公害蔬菜吧！如今，人们的生活水平提高了，在吃上比较讲究，都崇尚绿色无公害食品，即便价格贵些，人们也乐此不疲。可是，我四处张望了一下，并没有发现一块写有绿色蔬菜的招牌。既然摊主不漂亮，卖的菜也一样，那么多半是因为她的道德操守比较好，不以次充好，不缺斤少两。怀着好奇的心理，我去她那儿买了几次菜，拿回来一称，果然斤两很足。随后，我又去其他商贩那里买了几回菜，但同样没发现缺斤少两的现象。顿时，我困惑了，要说服务态度，其他的摊贩也不错，可为什么别人的生意就是比她差一大截呢？这其中肯定有什么不为人知的奥秘。

　　后来，通过细心观察，我终于发现了她成功背后的秘诀。原来，其他人在称东西时，总是喜欢一次多拿些，然后再一点点地往下减；而她称东西则不同，总是喜欢一次少拿些，然后再一点点地往上添，直到顾客满意为止。这看似简单的一个动作，其实蕴含着一种营销技巧。虽然顾客买到的东西一样多，但他们的感受却完全不同，前者是索取，让人总觉得吃了亏，自然人们不愿去他那儿买菜；而后者是给予，让人总觉得占了便宜，自然人们乐意去她那儿买菜。

眉毛上的汗和眉毛下的泪

　　他出生于台湾台东，由于家庭贫困，小学毕业后，他不得不放弃学业，来到工地上打零工，以此贴补家用。

　　时间一晃就是四年，此时，他已长成了一个帅气结实的小伙，并时常在工友面前展示自己强健的体魄。然而不幸的是，就在那一年，命运跟他开了一个无情的玩笑。那天，他正在三楼上作业，在传递钢管的过程中，他不小心碰到了阳台外面的高压线，短短几秒钟的时间，他就被烧成重伤，所幸抢救及时，才挽回了一条命，不过，从此他却失去了一双孔武有力的手和一只脚。

　　没了手和脚，这对一个十六岁的少年来说，是一件多么残忍的事啊！无论换作谁，都很难接受这样的现实，即便不自杀，恐怕也会就此沉沦下去。但让人意想不到的是，他却用一条腿站了起来，并微笑着面对眼前的世界。他乐观地认为，背着包袱要走，放下包袱也是走，那为什么不放下包袱轻轻松松地走呢？

　　为了减轻父母的负担和压力，他拒绝父母照顾，拒绝父母喂食。他想，作为一个独立的人，首先就得学会料理好自己的生活，如果什么事都想依赖别人，那么自己永远也无法成为一个正常人。

为此，他发明了一套专门供自己进食的餐具，还风趣地命名为"坤山"牌自助餐具。有了这套餐具，他不用别人帮忙，就能吃到碗里的东西。不仅如此，他还学会了自己喝水，自己走路，自己上厕所……凡是他力所能及的事情，他从不让别人插手，也从不怕别人笑话他笨。尽管在成长的过程中，他付出了惨重的代价——意外地碰瞎了一只眼睛，但他毫不屈服，毫不后悔。

解决了吃喝拉撒的问题后，他便开始思考，如何利用有限的生命和资源，实现自己的人生价值。毕竟他不能让父母养自己一辈子，也不能成为别人和社会的累赘，他得找一份工作，做一个堂堂正正的自食其力者。对于残疾人来说，也许作家是一个不错的选择，可是他的文化底子实在太差，又缺乏丰富的想象力，根本写不出什么好的作品。倒是画画值得一试，他从小就喜欢涂鸦，并且画出来的东西有模有样，现在他有足够的时间去实现年少的梦想。于是，他决定用嘴代替手的功能，为自己的人生绘上一笔浓墨重彩。

经过两千多个日日夜夜的努力，他不但能够用嘴工工整整地写出不少汉字，还能画出很多栩栩如生的作品。二十四岁那年，他突然觉得，要想突破绘画事业的瓶颈，必须加强自己的文化修养，于是他毅然拿起书本，重新回到学校，成了一名年龄最大的中学生。六年后，他不仅出色地完成了初中和高中的学业，还成了台湾知名的职业画家，有了一个幸福的家庭。

　　他就是国际口足画协会亚洲理事、第 34 届全国"十大杰出青年"之一的谢坤山，谢坤山凭着自己的执着和勇敢，描绘出了一幅美丽的人生蓝图，谱写出了一首壮丽的人生诗篇。

　　原来，眉毛上的汗和眉毛下的泪，你只能选择一样。选择眉毛上的汗，虽然很辛苦，还会遭受无数的打击和磨难，但最终收获的将是成功、快乐和尊严；而选择眉毛下的泪，虽然暂时会让人同情和怜悯，但最终得到的将是失败、痛苦和悔恨。

不为退缩找借口

那天，朋友手里夹着一根燃着的烟，信心满满地对我说："从明天开始，我决定戒烟。"

在我的记忆中，朋友戒烟已不止一两次，并且每次都信誓旦旦，但结果均以失败而告终。这次，朋友想出了一个办法，他决定每天少抽一点，从两包烟降到一包半，再从一包半降到一包，随后从一包降至半包，从半包降至一根，最后彻底戒掉。就这样，朋友怀着美好的希冀，再一次开始了他的戒烟之旅。

我满以为朋友这次一定能戒烟成功，谁知几个月后遇见他，仍然照抽不误，并且烟瘾比以前还大。我不解地问朋友，按理说，一天少抽一根烟，应该不是什么困难的事，为何你还是没有戒掉呢？朋友叹了口气说："唉！起初，我也以为这个办法行得通，但事实上，只要兜里有烟，又哪能控制得住自己呢？我每次都告诫自己，这是最后一根，不能再抽了，但烟瘾发作的时候，我又会安慰自己，没事，就抽一根，以后慢慢来。现在，我总算想明白了，只要嘴里还叼着一根烟，你这一辈子就别想戒烟。"

听了朋友的诉说，我突然若有所悟。记得我刚上班那会儿，大家迟到、早退的现象特别严重。为了应对这一问题，领导特地制定了一项规定：凡迟到 15 分钟及以上者，一律按旷工处理。政策刚出台那段时间，大家的确遵守得很好，几乎没有什么人迟到、早退。然而，这种良好的现象并未维持多久，没过几天，大家就开始钻政策的空子，你说不能迟到 15 分钟，那我就迟到 10 分钟，这不算违规吧！后来，领导又将 15 分钟改为 10 分钟，但仍然有不少人迟到。最后，领导没有办法，只好一刀切，即无论出于什么原因，只要迟到一分钟及以上者，一律按旷工处理。你还别说，新的规定虽然有些苛刻、不近人情，但从那以后再也没有一个人迟到了。

　　在日常生活中，人们总是喜欢采取循序渐进的方式来改变自己的不良习惯，以为这样就可以慢慢地解决问题，而事实上，到了最后问题依然存在，根本没有得到彻底的改变。人往往有一种惰性和依赖心理，喜欢安于现状。有过登山经历的人可能都有这样的体会，越是休息，就越是不想走路，就越是想要放弃，但如果一直坚持着走下去，反而能够顺利地到达山顶。

　　一个成功者，从不会为自己的不作为寻找借口，也从不会对自己说，不用着急，以后有的是机会。他们无论遇到什么问题，总是当机立断，不达目的誓不罢休。一个总是对别人说"我明天怎么怎么样"的人，是很难真正改变什么的。慢慢来，从明天开始，这都是懦弱者为自己寻找的借口。既然已经意识到了问题所在，那为何不想办法让它一下子解决呢？

最初的决定

有人说，成功就是在正确的时间里做出正确的决定。

十岁那年，他有一个梦想，那就是成为一名歌唱家。在音乐方面他有着得天独厚的条件，不仅嗓音好，而且还有极强的乐感，更重要的是他喜欢唱歌。一天，他将自己的想法告诉了父母，希望他们能为自己买一把吉他，并请一位音乐老师。父母听后立即反对说："唱歌能有什么出息，再说你也不一定能成为歌唱家，你看现在的追星族那么多，有几个能成名啊！与其做白日梦，不如把时间用在学习上，等将来考上大学，你想干什么就干什么。"在父母的劝说下，他放弃了自己的想法，进了一个课外辅导学习班。

十八岁那年，他高中毕业，打算报考体育院校，将来做一名篮球运动员。在体育方面，他有着一些过人之处，不仅人长得高，而且身体灵活，在学校举行的历届篮球比赛中，他都是最出众的一个。一天，他将自己的想法告诉了同学，谁知同学听后嗤之以鼻地说："你以为你是姚明啊，就你那点儿水平，不知要奋斗多少年才能修成正果，再说每天训练那么辛苦，你确信自己能吃得消吗？"在同学的劝说下，他动摇了，最终填报了一所信息技术学校。

　　二十二岁那年，他大学毕业，本来他想去沿海一带发展，成为一名 IT 精英，谁知求职不顺，连连碰壁，一连几个月都没有找到满意的工作。于是他决定进一步深造，报考研究生，以提高自己的竞争力。一天，他将自己的想法告诉了几位要好的网友，其中一位网友听后说："这样做不划算，等你研究生毕业，恐怕市场需求又提高了，倒不如现在去考公务员，既清闲又体面，收入也比较稳定，将来说不定还能混个一官半职。"在网友的劝说下，他动摇了，最终放弃了考研的念头。

　　三十岁那年，他厌倦了办公室的枯燥生活，决定辞职下海。同事劝他说："你要考虑清楚，千万不要一时冲动，外面的世界并没有我们想象的那么美好，要学会知足常乐。"这一次，他没有听同事的，而是果断地离开了单位。他觉得自己一生中错过了太多的机会，如果当初坚持走音乐之路，或许现在自己已经是一位著名的歌唱家了；如果当初报考体育院校，或许现在自己已经是一位小有成就的运动员了；如果当初选择进修，或许现在自己已经是某个公司的核心人物了。这一次，说什么也不能放弃，哪怕只有百分之十的成功率，他也要放手一搏，免得将来后悔。

　　很快他成立了一家信息科技公司，尽管手下只有几名员工，生意也并不怎么好，但他相信自己的决定是正确的，只要坚持下去，将来一定会实现自己的梦想。果然，经过十多年的努力打拼，他的公司在香港成功上市。每每忆及往事，他感慨万千，如果最后不坚持自己的想法，或许现在他还过着空虚无聊的生活。

　　原来，**在做出一个决定之前，我们有一千个理由来支持自己，但当我们放弃自己的决定时，同样有一千个理由来安慰自己。成功者都有一个共同的特点，虽然他们会尽量听取别人的意见，但他们从不轻易否定自己的想法。**当走过人生的大半后，人们往往会发现，曾经的许多想法都是正确的，只是当时自己不够坚定，没能将梦想进行到底。

第二辑

再长的黑夜也挡不住黎明的到来

绝境就像一堵墙，它将失败者和成功者分隔两边，

失败者看到的只是墙的高度和厚度，

而成功者看到的却是隐藏在墙背后的机遇。

不经苦痛，怎能化茧成蝶

　　每逢夏天，在距我家不远处的那棵大榕树上，总会聚集大量的蝉，透过茂密的树叶缝隙，我们就会发现它们黑小的身影。每天早上，当晨光初现时，一只等不及的蝉倏地发出一声"奇响"，刺破长空，拉开了清晨的序幕。在它的引领下，不远处藏匿于叶间的另一只蝉也随即响应，它们呼朋引伴，和弦而鸣。到了午后，蝉在枝头唱得更欢，时而高亢激昂，时而低沉婉转，犹如上演着一场声势浩大的交响音乐会。

　　儿时，我最喜欢爬到树上去捉蝉，并用一根长线系在它们的大腿上把它当作玩物，还自得其乐地向别的小伙伴炫耀。有一次，父亲看见了，他严厉地告诫我说："赶紧将蝉放了，以后再也不要做伤害它们的事。"那时，我并不明白父亲为什么要保护一只小小的蝉，后来随着年龄的增长，知识面的拓宽，我终于明白了父亲的良苦用心。

　　原来，蝉的生命极其短暂，通常只有一个月左右。然而，就是这样短暂的生命，还要在黑暗潮湿的地下忍受一千多个日日夜夜的煎熬。据说，蝉蛹要在地下发育三到四年（有的还会更长），才能

破土而出。当然，这并不代表蝉就拥有了完整的生命，它们还必须
经历一次生死大考验——蝉蜕。

当蝉蛹的背部出现一条黑色的裂缝时，蜕变就开始了，这个过
程痛苦而漫长，一般要持续一个小时左右。初生的蝉，双翼十分柔
软，它们通过其中的体液管使之展开。当液体被抽回蝉体内时，展
开的双翼就开始慢慢变硬。如果在这时蝉受到了外界的干扰，那么
它很可能会落下终生残疾，甚至失去生命。蜕皮的过程是蝉一生中
最为危险的时刻，因为它此刻还不能飞，也无处可藏，根本无法抵
御敌人的入侵。

"四年地下苦功，换来一月歌唱。"从蝉的身上，我明白了一个
道理：**生命来之不易，并且极其短暂，我们应该把握好生命中的每
一分一秒，用乐观的心态迎接日出、日落，尽量让自己的人生价值
在有限的生命里闪光。**

与蝉有着相似经历的是蝴蝶，它的一生要经历四个不同寻常的
阶段，即受精卵、幼虫、蛹、成虫。当幼虫孵化出来后，要吃掉大
量叶子，才能长成蛹；而幼虫要变成蛹，又要经历好几次蜕皮；当
蛹变为成虫后，它们又成了其他动物口中的美食。可以说，一只蝴
蝶幼虫要经历千辛万苦，方能化茧成蝶。

从蝴蝶的身上我明白了一个道理：**失败是成功蜕下的躯壳，成
功是失败决裂后的彩蝶。**很多东西都可以改变，敌人可以成为朋

友，逆境可以化为顺境，丑陋可以裂变为美丽，低贱可以升华为高贵。既然蝴蝶要历经蜕变的痛苦，才会有化蝶的美丽，凤凰要历经浴火的痛苦，才会有重生的喜悦，那么我们又为何不能承受生命之重、之痛呢？

没什么能阻挡你成功

　　他很不幸，出生刚刚 8 个月，就因一场疾病失去了光明，使自己彻底陷入了黑暗的世界，以至于长大后，在他的脑海里竟没有一丝影像和颜色的记忆。除了无边的黑暗，他什么也看不见，不知道世界是什么样子，不知道花儿有多美丽，甚至连看一眼自己的妈妈都成了平生最大的奢望。

　　他的童年是苦涩的，没有人能体会他的内心有多么自卑，有多么脆弱，有多么痛苦。他觉得自己是这个世界上最可怜、最不幸的人，别人一生下来，就有一双明亮的眼睛，就可以看见世上的一切，而自己连爸爸妈妈长什么模样都不知道。因为看不见，他常常被碰得鼻青脸肿，常常被摔得头破血流，常常被别人嘲笑和欺负……他不知道自己将来还要面临多大的痛苦和磨难，未来对他来说实在太可怕了，他的眼里一点儿希望也没有。

　　每每看到他孤独、绝望、无助的样子，母亲的心就碎了。从内心讲，哪个做父母的不希望自己的孩子健健康康、快快乐乐呢？可是，既然已经这样了，那就只能接受现实，扬长避短，把孩子培养成一个能够独立生活的人。母亲忍着眼里的泪水，鼓励他说："孩子，虽然你看不见阳光，但你可以让自己的心里充满阳光；虽然你不幸失去了光明，但你还有双脚、双手、鼻子、耳朵和嘴巴，更重要的是你还有一颗聪慧的脑袋，你完全可以靠自己的努力养活自己，甚至取得事业的成功。"

妈妈的话让他幡然醒悟，尽管他看不见任何东西，但他的触觉和听觉非常好，记忆力也相当不错，完全可以利用自己的长处，过上更好的生活。于是，他开始主动配合妈妈，跟着她学穿衣服、学走路、学煮饭、学做家务、学读书、学写字等。虽然他付出了常人数倍的努力，承受了常人不能承受的痛苦，但他最终学会了行走和照顾自己，他非常开心，也渐渐找到了生活的信心和勇气。

在母亲的教育和引导下，他的性格变得乐观而坚强。有一次，他跟着奶奶到外地去玩，一群不懂事的小孩追着他喊："小瞎子，看不见！小瞎子，没出息！"奶奶听后心里十分难受，想找那些小孩的家长算账，但他微笑着对奶奶说："奶奶，算了吧，我本来就是瞎子，他们没有说错，就让他们这样叫好了！"

8岁那年，父亲给他买了一台电子琴，他欢喜异常，爱不释手，每天都要弹上好几个小时。他的音乐天分极高，一首曲子练习几遍，就能准确地弹奏出来，并且还能弹出从收音机里听来的歌，音符和节奏都很到位。母亲十分高兴，还专门给他请了一个音乐老师。但是，随着课程的繁复，学习的深入，难度的增加，他开始懈怠了。毕竟练琴是辛苦的，枯燥的，乏味的，更何况他还只是一个几岁大的孩子。

见此，母亲问他："你喜欢练琴吗？"

他点点头说："喜欢。"

母亲说："既然你喜欢，就应该坚持到底，做到有始有终，不要遇到点困难就想到退缩放弃。如果你不能坚持，怕苦怕累，那你做别的事情也会如此。这样下去，你就会一无所长，那将来能干什么呢？"

他听后，惭愧地拉着母亲的手说："妈妈，对不起！我知道该怎么做了。"

从那以后，他学会了控制自己的情绪，始终如一地做一件事情。十几年后，他终于闯出了一片属于自己的天地，成了一个举世瞩目的明星。

他就是集作词、作曲、演唱、乐器、模仿、主持等众多才艺于一身，被誉为艺界奇才的盲人歌手杨光，2007年他获得了《星光大道》的年度总冠军，2008年他受邀参加了北京残奥会开幕式演出，同年还参加了春节联欢晚会演出，2010年他又参加了广州亚残会开幕式演出。一路走来，杨光用歌声告诉大家，虽然他看不见阳光，但他的心里充满了阳光，**只要自己不抛弃、不放弃，没有什么能阻挡你成功。**

别被想象的困难吓倒

十年前，他在一家不太景气的国企上班，每月只有几百块钱的工资，即便省吃俭用，日子依然过得捉襟见肘。数年来，他们一家三口就居住在一间不足十五平方米的单身宿舍里，除了一台25寸的彩色电视机外，家里几乎找不到一件值钱的东西。

面对这样的困境，他也曾抱怨过，也曾想过另谋他路。可是，一想到不可预知的未来，他就退缩了。毕竟现在还勉强过得去，并且单位交了"五险一金"，将来老了有一份保障。而自己除了做车工，又能干什么呢？弄不好，连一家人的温饱都无法保证。左右掂量，他还是觉得维持现状比较好。

平常，尽管他嘴上抱怨着，心里诅咒着，但他还是日复一日、年复一年地从事着手头的工作。他想，只要自己努力工作，好好表现，将来评了职称，就能涨工资。等攒够了首付的钱，就可以按揭一套商品房，再简单地装修一下，就能过上比较舒适的生活了。

然而，天不遂人愿，就是这样一个小小的梦想也无法实现。2001年，由于企业经营不善，亏损十分严重，单位不得不裁减人员，以缓解眼前的危机。不幸的是，他被列在了第一批下岗人员的名单中。下岗，这对一个上有老下有小的人来说，无异于晴天霹雳。为了不失去这份工作，他拿出仅有的一点积蓄，买了两瓶好酒，一条好烟，来到领导的家里。他苦苦地哀求领导（就差没给领导下跪了），希望领导能体恤一下他的困难，并将他留下来。领导听后，无可奈何地说，我也没办法，如果不裁员，厂子就保不住。最终，他好话说尽，但还是没能保住这个工作岗位。

那天，他失魂落魄地回到家里，仿佛天塌下来一般，绝望到了极点。他不敢想象失去唯一的生活来源后，以后的日子会是怎样一种凄惨的光景。那段时间，他感到特别失落，特别迷茫，特别恐慌，不知道未来的路在何方。当然，痛苦归痛苦，无助归无助，日子还得继续过下去。无奈之下，他只好面对现实，寻找其他出路。没过多久，他和妻子背上行囊，去了广东打工。

让人意想不到的是，十年后，昔日走投无路的下岗工人，不仅解决了温饱问题，还有了豪华别墅，高档轿车。如今，他已是一个集团公司的老总，旗下拥有五家企业，资产达到数十亿元。每每忆及往事，他总是感慨万千，如果不是当初所在的企业裁员，恐怕他现在还是一个普通的技术工人，过着充满牢骚与抱怨的生活。

原来，**平庸与失败背后的推手不是别人，恰好是我们自己。人生最大的敌人不是失败，而是甘于平淡、安于现状的心。**一方面，人们渴望过上美满幸福的生活，而另一方面又害怕改变。人总是习惯于现有的生活状态，而不愿意做出新的尝试，结果故步自封，画地为牢，一辈子被困囿在原地，只能扼腕叹息，坐观他人的成功。其实，改变现状并没有想象的那么困难，那么可怕，只需要付出一丁点儿的勇气而已。

杀死沙丁鱼的是惰性

有一位年轻人在某机关工作，单位效益还不错，工作也清闲，每天写写材料，改改文件，生活过得波澜不惊。一晃十年过去了，年轻人除了身体有些发福外，事业上毫无建树，与他那些同学比起来，简直一个天上一个地下。年轻人十分郁闷，不知道问题出在什么地方。

一天，他在街上遇到一位大学时的教授，并向他诉说起自己的苦恼。教授听后，先是有几分惊讶，毕竟他曾是老师和同学眼中的高材生，变得如此庸常，着实让人有些意外，但当教授听了年轻人后面的倾诉后，立刻意识到了他失败的根源所在。

教授问："除了工作以外，你每天都干些什么呢？"年轻人回答说："喝喝小酒，打打麻将，玩玩游戏，看看电影……"

教授听后没有过多地指责年轻人，而是语重心长地说："你听说过沙丁鱼的故事吗？"年轻人摇摇头。教授接着说："很久以前，北欧人喜欢吃沙丁鱼，可是市场上却很少有鲜活的沙丁鱼出售。究其原因，沙丁鱼喜欢密集群栖，喜欢安静、平衡的环境，在运输过程中，极容易造成缺氧，致使大部分的沙丁鱼窒息而死。为此，渔民们伤透了脑筋，想了很多的办法，但都收效甚微。后来，有一位经验丰富的渔民想出了一个办法，他在装沙丁鱼的水箱里放入了一条鲇鱼。鲇鱼生性好动，当它到了一个陌生的环境后，更是左冲右突，四处摩擦。而沙丁鱼见到异类入侵，感到十分紧张，不由自主地游动躲避，从而保证了氧气的供给，有力地存活了下来。"

　　年轻人听后说："这的确是一个好办法，但它与我的现状有什么关系呢？"教授微笑着说："你就像生活在大海中的一条沙丁鱼，生活安逸而舒适，没有什么压力，也没有什么后顾之忧，这就造成了你安于现状的心理，虽然你很想有所作为，但你又害怕改变，害怕失去现有的生活，害怕面对各种各样的挑战，久而久之，你心里的那点儿棱角就被磨平了。"

　　年轻人惭愧地低下了头，教授的话完全说到了他的心坎里，这些年来，他一直在原地踏步，一方面他渴望成功，而另一方面又不想再作努力，就这样做一天和尚撞一天钟——得过且过。

　　见年轻人若有所悟，教授又继续说道："其实，人跟沙丁鱼一样，都是有惰性的，如果没有外面环境的刺激，就算一步步地走向死亡的深渊，也丝毫不会察觉。而当人有了忧患意识，有了强大的竞争对手后，就会积极地行动起来，不断地充实自己，不断地武装自己，从而找到新的出路。"

听了教授的诉说，年轻人终于明白了一切，从那以后，他不再彷徨，也不再抱怨，而是利用业余时间，不断地学习各类知识，并给自己定下了一个长远的目标。多年后，他成了一位小有名气的设计师。

一半是水，一半是火

　　他很不幸，出生刚刚十个月，父亲就去世了。更不幸的是，在他一岁多的时候，又意外地患上了小儿麻痹症，致使双腿残疾，从此他不得不与轮椅相伴。

　　不能走路的日子是痛苦的，每每看到别的小孩在院里活蹦乱跳时，他只能躲在窗户后面独自落泪。那时他最大的心愿就是希望拥有一双矫健的双腿，狂奔在乡间的小路上，可就是这样一个简简单单的愿望，他也永远无法实现。想到未来，他的眼里一片暗淡，渐渐地，他变得自卑起来，不爱与同伴玩耍，也不爱与别人说话，整天将自己关在屋子里，有时母亲说他几句，他还发脾气，扔东西。

　　就这样，他一天天地沉沦着，看见他的人都禁不住摇头，认为他无药可救。有一次，他的母亲终于忍无可忍，愤怒地对他说："莫克，你真是一个无用的东西，即便是一根火柴，也可以发出光和热，可是你，一个活生生的人，有着正常的大脑和双手，却整天无所事事，寻死觅活，我真后悔当初把你生下来。"

　　虽然母亲的责备令莫克十分伤心，但他也在一瞬间明白了一个道理，自暴自弃解决不了任何问题，唯有勇敢地面对，才能真正改变自己的人生。从那以后，莫克尝试着转变自己对生活的态度，他开始关心起身边的事物，开始将目光朝向好的方面，开始尝试着帮母亲干些力所能及的活儿……一段时间下来，他惊奇地发现，许多事情并没有想象的那么复杂、那么困难、那么可怕，一切都是自己的心理在作祟。慢慢地，他接受了自己不完美的肢体，心境变得豁达开朗起来。当别人嘲笑他是瘸子时，他安慰自己，我本来就是残疾人，别人乐意怎么叫就让他怎么叫吧；当别人骂他是穷小子时，他安慰自己，虽然我现在很穷，但并不代表我永远都穷；当受到不公平的待遇时，他安慰自己，没事的，也许是我做得还不够好。

多年后，莫克不仅考入了自己梦寐以求的大学，还成了一位杰出的医学博士。原来，生活的一半是水，一半是火。面对半瓶美酒，有人说，真可惜，这么好的酒只剩下半瓶了。而有人说，真不错，这么好的酒还有半瓶呢。面对一片落叶，有人说，真遗憾，这是生命的结束。而有人说，真美丽，这是生命的开始。面对一滴清水，有人绝望地说，我看到了沙漠。而有人欣喜地说，我看到了大海。

正如俄国作家契诃夫所说："要是火柴在你的口袋里燃烧起来了，那你应当高兴，而且感谢上苍，幸亏你的衣袋不是火药库；要是你的手指扎进了一根刺，那你应当高兴，幸亏这根刺不是扎在眼睛里。"通常情况下，**人们往往被悲观的阴影遮蔽了双眼，看问题**

时总是喜欢朝着不利的一面，在他们的眼里，天空是暗淡的，花儿是枯萎的，生活是痛苦的。以这样的心态生活和工作，结果总是处处碰壁，糟糕透顶。而事实上，任何事物皆是有利有弊，有得有失的，所谓"塞翁失马，焉知非福"，凡事我们应该看到积极有利的一面。过去的事情，无论是好还是坏，都已不重要，关键是把握好现在和未来。

借别人的力量实现自己的梦想

　　有一个年轻人十分不幸，他无论做什么事情，总是以失败而告终，于是，他愤愤不平地找到上帝，怒不可遏地指责道："你不是一个公平的主宰者！你欺骗了我和世间所有的人。"

　　上帝听后，不解地问："年轻人，你怎能这样说呢？我一向公正严明，仁慈友爱，大公无私，不知道有什么地方不如你的意？"

　　年轻人回答道："你非常偏心，让你喜欢的人一帆风顺，梦想成真；而让你讨厌的人举步维艰，失意痛苦，我就是最明显的一个例子。"

　　上帝微笑着说："年轻人，你恐怕误会我了吧！我给每个人的机会是一样多的，从不偏颇于任何人，至于为什么有些人走向了成功，而有些人走向了失败，那主要取决于他们对机遇的把握。可以说，一个人成功与否，关键在于个人修行，与我没有多大的关系。"

　　年轻人摇着头说："不对吧！论才气，我比许多人都博学；论能力，我比许多人都强；论经历，我比许多人都丰富；论勤奋，我不比别人少付出。可为什么我总是失败，而那些不如我的人却取得了事业的成功，难道说这不是你偏心吗？如果你给我机会，我相信，我会比别人做得更好。"

　　上帝叹息着说："就算我再给你一千次机会，结果也依旧如此，因为你根本没有认识到自己失败的原因。给你讲一个乌鸦猎羊的故事吧！在很久以前，有一只乌鸦想要吃羊肉，可是以乌鸦的本领，根本奈何不了任何一只羊，别说吃羊肉，恐怕连根羊毛都捞不着。不过，乌鸦并没有气馁，它想，虽然我对付不了羊，但狼可以，狼是羊的天敌。于是，乌鸦想了一个办法，它悄悄地跟在羊群的后面，趁它们不注意时，衔起地上留下的粪便，然后飞向天空，一旦发现周围有狼的踪影，乌鸦就将羊粪一路投掷下去，给狼提供信息。狼嗅着羊粪的味道，轻轻松松地就找到了羊群。当狼吃饱喝足后，剩下的骨头残肉就成了乌鸦的美餐。就这样，乌鸦凭借狼的力量，如愿以偿地吃到了羊肉。"

年轻人听后，不明所以地说："这的确是一个不错的办法，可它与我的失败有什么关系呢？"

上帝说："每个人都有自己的长处和短处，就像乌鸦和狼一样，我们不仅要充分利用自己的长处，还要想办法利用别人的长处。你失败就失败在过于狂妄自大，想要凭个人的力量战胜一切。曾经有很多次机会摆在你的面前，只是你好大喜功，不相信别人，害怕别人抢了你嘴边的肥肉，结果你与成功失之交臂。而事实上，**很多时候，个人的智慧是有限的，单凭个人的力量远远不够，当我们遇到无法逾越的障碍时，何不向那只聪明的乌鸦学习，与人合作，借助他人的力量来实现自己的梦想，达到两全其美的目的？**"

年轻人听后若有所悟。

成功就在高墙后

　　曾经有一个冒险者想要一夜暴富，于是他在一个边陲小镇买下了一大片土地，如果地下蕴藏着丰富的石油的话，那么他将成为世界上最富裕的人。然而遗憾的是，他花费了大量的时间和资金，却只打出了一口极小的油井，其出油量还不够开采的费用。冒险者顿时傻了眼，他没想到如此一块大家看好的宝地，地下竟然没有石油，这一次自己彻底栽了。眼看着自己投入的钱血本无归，全都化为了泡影，冒险者实在有些不甘心。

　　为了尽量降低损失，他决定在这一片土地上发展种植业，如果顺利的话，前景依然十分可观，可是当他尝试着种植一些东西时，才发现这片土地十分贫瘠，根本不适合栽种任何经济作物。既然搞种植业不行，那就搞畜牧业吧，可是当他尝试着养一些牲畜时，才发现这儿除了低矮的灌木，根本没有供牛羊生长的水草。后来，他又想在这儿寻找值钱的矿物质，可是这儿除了无数让人望而生畏的响尾蛇外，根本没有任何值钱的东西，要是一不留神，不但发不了财，可能连性命都会丢掉。最后，冒险者只好带着一身的疲惫和满心的绝望离开了小镇，从此过着债务缠身的生活。

没过多久，又一个冒险者看上了这片土地，他的命运跟前一个冒险者一样，寻遍了这儿的每一个角落，也没有找到他梦寐以求的石油。如果按这种情形发展下去，用不了半年时间，自己就会成为一个身无分文的穷光蛋。面对眼前的绝境，冒险者心急如焚，日不能食，夜不能寐，忧心忡忡地寻找着各种可以解决问题的途径。可是这儿除了一望无际的贫瘠土地和低矮无用的灌木林，似乎根本没有什么好的出路。尽管失望不止一次地漫上冒险者的心头，但他始终坚信，天无绝人之路，世上只有自己想不到的商机。

那段时间，他强迫自己冷静下来，认真地考察了这儿的地形和资源，最后他将目光紧紧地盯在了那看似没有什么用途的响尾蛇身上。为了稳妥起见，他吸取了上一个冒险者的失败教训，阅读了大量关于响尾蛇的资料，并做了详细的市场调查，发现响尾蛇的身上浑身都是宝。他按捺不住心中的激动，迅速筹措资金，着手打造响尾蛇产业。

他不但利用这里的响尾蛇摆脱了债务危机，还赢得了财富。为了将这儿的资源扩大化，他还打起了旅游业的主意，让游客前来观光赏景，体验野外生活。一切如他所料想的那样，每年都有数十万游客蜂拥而至，他从中赚了个盆满钵溢。

原来，**绝境就像一堵墙，它将失败者和成功者分隔两边，失败者看到的只是墙的高度和厚度，而成功者看到的却是隐藏在墙背后的机遇。**

别人的美餐可能是你的毒药

　　春秋时期，越国有一个叫东施的女人，她长得十分丑陋，并且动作粗俗，说话大声大气。尽管如此，人们并没有因为她的长相而看不起她，甚至挖苦她。

　　而在越国的另一个地方，有一个名叫西施的女人，她长相端庄，面若桃红，连水中的鱼儿见了她，都惭愧地沉到水底不敢出来。西施之美，美若天仙，倾国倾城，无论是她的一举一动，还是一颦一笑，都深深地吸引着人们的目光，牵动着人们的心。有一次，西施走在乡间的小路上，突然感到胸口一阵疼痛，她情不自禁地皱起双眉，并用手捂住胸口。没想到西施的这一举动正好被在地里劳作的乡民看见了，他们觉得西施那柔弱娇媚的样子，比以前更加美丽、更加动人，让人顿生一种怜香惜玉之情，耕者忘其犁，锄者忘其锄，担者忘其担，大家都呆呆地望着她。

　　东施听说这件事后，她非常羡慕西施的成功，也想做一个人见人爱的美女。于是，她模仿西施的样子，一边皱着眉头，一边手捂胸口，摆出一副万种风情的姿势。她满以为这样就能博得人们喝彩，收获成功的喜悦。谁知，其矫揉造作、扭捏作态之势反而令她更丑，让人们反感不已。结果，富人看见她，赶紧关上大门，等她走后方才出来；而穷人见了她，就像遇到瘟神一样，连忙拉着妻子和孩子远远地躲开。

东施的行为可谓得不偿失，不仅迷失了自我，还落下一个东施效颦的笑柄。

美国第 16 任总统林肯也曾有过一段"东施效颦"的经历。年轻时的林肯十分仰慕那些成功的商人，他想，别人能成为富翁，只要自己努力也同样能成为富翁。为了实现这个梦想，他着手办起了企业。然而，他根本不是做生意的料，经营不到一年，工厂就宣布倒闭了，还欠下了一大笔的债务。这时，林肯才猛然意识到，不切实际地模仿别人永远也不会成功，自己的长处不是经商，而是演讲和搞政治。于是，他及时调整了方向，做回了自己，参加了州议员的竞选。后来，虽然林肯经历了无数的挫折和失败，但他始终没有放弃自己的追求，他要做自己生活的主宰。1860 年，林肯的努力终于开花结果，他冲破层层阻挠，成功当选为美国第 16 任总统，为美国的统一和黑奴解放做出了不可磨灭的贡献，也为美国在 19 世纪跃居世界头号工业强国开辟了道路，使美国进入了经济发展的黄金时代。

原来，野鸭的小腿虽然很短，续长一截就有忧患；鹤的小腿虽然很长，截去一段就会痛苦。我们可以向**每个人学习**，但我们不能刻意地去模仿任何人，因为别人的美餐可能是你的**毒药**，踏着巨人的脚步不一定能成为巨人。量体裁衣，做自己最感兴趣的、最擅长的事，才是走向成功的最佳途径。

如果你从事着自己不喜欢的职业

常言说：男怕入错行，女怕嫁错郎。或许你当初在填报志愿时，并非出自本人意愿，而是父母参考或胁迫的，无可奈何地修完了大学，然后又无可奈何地从事着自己不喜欢的工作。或许你当初填报志愿时是自己选择的，但真正工作了几年后，才发现这项工作并不是想象中的那么美好，于是没了热情，也没了上进心，终日牢骚满腹，渴望着能再换一份工作。

生活中，当我们发现所从事的工作不是自己喜欢的职业时，我们是选择辞职，还是选择得过且过地应付了事呢？也许有不少人正面临着这样的困惑与抉择。

如果你从事着自己不喜欢的职业，那么不妨换一个角度想想，重新定位一下自己到底有多大能耐，能做什么样的工作。如果现有的工作确实不适合你，你又有能力从事其他的工作，那么你可以果断地放弃，结束自己痛苦的旅程。如果你只是眼高手低，不切实际地好高骛远，那么你最好使自己平静下来，别活在幻想中。认真地做好身边的每一件事，说不定你就会从自己不喜欢的职业中找到成就感，继而喜欢上这样的工作。

　　如果你从事着自己不喜欢的职业，那么你可以利用业余爱好来充实自己。据有关调查显示，真正干着自己喜欢的职业的人很少，因此我们没有必要怨天尤人，抱憾这，抱憾那。我们完全可以利用丰裕的业余时间发展自己的兴趣爱好，找到一个心灵的平衡点，那样你就不至于郁闷和倦怠了。

　　如果你从事着自己不喜欢的职业，那么先别急着辞职。如果贸然行事，很可能会因此而失业，陷入生活的困顿，毕竟现有的工作能带给你稳定的收入，让你衣食无忧。以目前的就业情况来看，职位的竞争还是很激烈的，尤其是在繁华的大都市，高薪、高职务又能满足你喜好的职位实在很少。这时我们不妨暂且放弃，在原职位上踏实工作，积蓄力量，提高业务水平，提高工作能力，进修学习，取得更高的文凭。等到时机成熟，你就可以毫无后顾之忧地从事自己喜欢的职业。

　　如果你从事着自己不喜欢的职业，那么你可以想想那些挤破了头想进来的人。正如钱钟书先生写的《围城》那样，城里的人费尽心思想出去，而城外的人却不顾一切地想进来。现实也往往是这样，你觉得自己的工作很枯燥、很乏味，事实上这样的工作仍有无数双眼睛虎视眈眈地盯着。**因此我们唯有珍惜眼前的工作，那样才会知足常乐，才会不断进步，才会有所收获或成就。**

良好心态是成功的保证

"一个人的成就大小，往往超不出他自信心的大小。"

不知从什么时开始，学校的小孩兴起了一股玩滑板的风，每天下午放学后，这些小孩便会在操场上自由、欢快地滑翔。

那天下午，我闲着无事就站在阳台上观看孩子们玩滑板。星星是最早玩滑板的孩子，是所有小孩中滑得最好的一个。只见他动作娴熟，姿态优美，挥洒自若，随心所欲。滑板似乎成了他身体的一部分，完全由他掌握和控制，他想向左就向左，想向右就向右，想转弯就转弯，甚至他还能在空中做一些简单的动作。星星滑完一圈后，我情不自禁地为他鼓起了掌。

一会儿我将目光移向了正学玩滑板的文文，文文是一个不太好动的孩子，今天刚买的滑板。只见他小心翼翼地先将一只脚踏在滑板上，然后慢慢地向前移动，他努力地想把另一只脚也放上去，像其他孩子一样自由地滑行。可是他接连试了好几次都没有成功，要么后脚放不上去，要么刚放上去人就摔倒了。由于在练习的过程中他跌倒了两次，脚受了一点儿伤，这使得他更加小心谨慎了。结果越是如此，越是失败，越是失败，越是没了信心。最后文文心灰意冷地将滑板丢在了一边，耷拉着脑袋，一言不发地望着自己的脚尖。

观察了这两个孩子一阵后，我不禁由此想到了我们的人生。生活中我们会发现，有些人做事总是得心应手，轻松自若，左右逢源，事业如日中天，而有些人做事则总是畏首畏尾，瞻前顾后，诸事不顺，四处碰壁，毫无建树。是何缘故呢？或许这跟孩子们玩滑板一样，主要取决于一个人的心态和自信。

美国颇负盛名、人称传奇教练的伍登，有一次在接受记者采访时，记者问："你成功的秘诀是什么？"伍登微笑着说："谈不上什么秘诀，只不过我比别人的心态好罢了！每天在睡觉前，我都会提起精神告诉自己，我今天的表现非常好，而且我明天的表现会更好。"积极的心态，常常能激发出无穷的潜力。伍登正是靠着这样一种向上的心态克服了一个又一个的困难，取得了一次又一次的成功。生活中，无论我们遇到多大的困难和挫折，都应该每天给自己一个希望，给自己一份好的心情。也许有些东西是我们无法选择，也无法改变的，但好的心态却完全取决于我们自己。其实人与人之间的差别极小，心态是一个重要的方面。

影响一个人成功的因素也许有很多，但有一样东西是每一个成功人士都具备的，那就是自信。**理丁曾说："一个人的成就大小，往往超不出他自信心的大小。"**生活和工作中我们总会遭遇各种各样的打击，但我们决不能因这一时的困难而丧失了信心。每一个人都应该正视自己，收起心理上的自卑和胆怯，放开重重顾忌，挣脱层层束缚，摒弃种种评论，保持好的心态，事事充满信心，那样我们才能成为主宰自己命运的主人。做起事来，才会游刃有余，马到功成。

给自己找个对手

曾经，在一座森林公园内，生活着一群梅花鹿，估计有三四百只。那儿环境清幽，空气新鲜，水草丰茂，气候宜人，梅花鹿不仅不会受到老虎和狼等凶猛动物的侵袭，而且还有饲养员定期为它们投放食物。可以说梅花鹿们什么也不用担心，什么也不用着急，每天只管尽情地享受大自然和人类赐予的这份安定与舒适。这样美好的一个地方，简直就是动物王国理想的天堂。一些专家毫不掩饰地说，用不了几年，这里就会成为梅花鹿的胜地，那将是森林公园里一道最亮丽的风景线。

可是，令人意想不到的是，几年后，梅花鹿的数量不但没有得到成倍增长，而且病的病，死的死，剩下的不到原来的三分之一。这是怎么回事呢？专家们百思不得其解。

后来，有人想了一个办法，买了几只狼放入森林公园内。起初还有人担心，这样做会伤害到梅花鹿，甚至给梅花鹿带来灭顶之灾。而事实上，结果却大出人们所料。在狼的追逐下，梅花鹿每天都生活在高度的紧张中。为了生存，它们不得不提高警惕，不得不学会快速奔跑，不得不想办法尽量避开狼群。因为它们知道，如果你跑得慢，落在最后，你就会成为狼的盘中之餐。在优胜劣汰的法则面前，你只有尽可能地使自己变得强大，那样你存活的机会才会大一些。

就这样，狼成了梅花鹿的健身教练。在历经了一次又一次的逃生后，梅花鹿的体格越来越强健，双腿越来越有力量，奔跑的速度越来越快，嗅觉和听觉也越来越灵敏。狼在它们的身上几乎占不到什么便宜。几年下来，除了一些老弱病残的梅花鹿被狼吃掉外，其他梅花鹿都存活了下来，并且数量还增加了不少。

最后，专家们终于明白了，原来舒适安逸的环境不是梅花鹿生活的天堂，而是梅花鹿毁灭的地狱。

和梅花鹿相比，人又何尝不是这样呢？古语云：生于忧患，死于安乐；流水不腐，户枢不蠹。人的骨子里天生就有一种惰性，没有一个竞争对手，就会目光短浅，就会沾沾自喜，就会安于现状，就会停滞不前。对手，其实就是你的一面镜子。通过他，你可以发现自己的弱点与不足，并不断地完善和提高自己；通过他，可以激发你的斗志和潜力，让你迸发出无比的热情和信心；通过他，你可以找到制胜的法宝，进入成功的殿堂，达到事业的峰巅。

因此，在职场中打拼，我们不要害怕有对手，也不要认为对手就是敌人，更不要想方设法地打击和陷害对手。我们要学会接受对手，尊重对手，与对手公平竞争，展开角逐。

如果你不想让自己靠在柔软的椅子上睡去，那么最好的办法就是给自己找一个强而有力的对手。

一棵树的成长

他很不幸，一出生时智力就比别的孩子低了许多，别人需要十分钟完成的事，他通常需要二十分钟，并且还没有别人完成得出色。在学习方面，他更是糟糕透顶，别人一学就会的东西，他往往需要老师重复许多遍才能弄明白。尽管他在学校比任何同学都努力，可是每次考试下来，他总是倒数第一名。为此，他十分沮丧，也非常自卑，总觉得自己一无是处。

一天，他绝望地问父亲："我是不是很笨、很蠢，同学们都讥笑我，连老师也不喜欢我，他们说我一辈子都不会有前途，永远都只会拖别人的后腿。"

父亲慈爱地抚摸着他的头，微笑着说："孩子，你一点也不笨。虽然你比别的同学考得差，但**你每天都在进步，当你的努力达到一定程度时，你就会赶上他们，甚至超越他们。**"

"是吗？我每天都在进步，但为什么我感觉不到呢？"他迷惑不解地问。

"是的，孩子，你每天都在进步，只是你没有发现罢了！"父亲肯定地说。

　　他还是有些不相信，认为父亲在哄他。对此，父亲没有再作解释，而是从屋里拿出一把铁锹，又从山上找来一株小树苗，然后交给他说："孩子，你把它种在院子里吧，千万记得要为它浇水、除草和施肥。"他不知道父亲这样做有什么用意，但他还是很乐意地听从了。他拿起铁锹，在院子里挖了一个小坑，将树苗放在里面，然后垒上土。

　　一晃一年过去了，这天他又考了一个倒数第一名回来。他愤怒地责问父亲："你说我每天都在进步，那为什么一年下来，我仍然考了倒数第一名呢？"

　　父亲没有回答他，也没有像往常那样安慰他，而是将他带到院子里，指着那棵树苗对他说："孩子，你瞧，这棵树苗是你去年亲手种下的，那时它只有一尺来高，干枯瘦小，弱不禁风。现在你再看，在你精心的呵护之下，它长得绿油油的，显得生机勃勃，已将近两尺高了。"

　　他似懂非懂地点点头，脸上溢满了自豪。"可是，这与我的学习有什么关系呢？"他抬起头问父亲。

　　"孩子，当然有关系！树每天都在生长，但你看得见吗？"

　　他摇了摇头。

　　父亲又接着说："看不见，并不代表它没有生长，因为一年后你再去看它，你会发现，其实它增高了。学习也是一样，它是一个日积月累的过程，就像一棵树的成长，也许你一月、两月看不到进步，甚至一年、两年都看不到进步，但是五年、十年后，你再回头看自己走过的路，你一定会发现自己成长了、进步了。"

听了父亲的诉说，他一下子明白过来，原来自己的努力并没有白费，自己每天都在进步，于是他又有了信心和希望。就这样，他数十年如一日，坚持不懈地努力着。最终如父亲所说的那样，他超越了所有之前让他羡慕和嫉妒的人。他成了那一届的高考状元，顺利地考入了北大。

多年后，当他回到故乡时，惊奇地发现自己当年种下的那株小树苗，竟然长成了一棵十几米高的参天大树，枝叶繁盛茂密，绿荫遮天蔽日，强大得好像能征服一切。望着那棵树，他忍不住泪流满面，为自己，也为父亲的良苦用心。

爱因斯坦成功的秘诀

有一次，一位美国记者问及爱因斯坦成功的秘诀时，爱因斯坦淡淡地微笑着说："早在 1901 年，我还是一个二十二岁的青年时，我就已经发现了成功的公式。我可以把这公式的秘密告诉你，那就是 A＝X＋Y＋Z！ A 就是成功，X 就是努力工作，Y 是懂得休息，Z 是少说废话！这公式对我很有用，我想它对许多人也一样有用。"

A＝X＋Y＋Z，这看似简单的一个公式，却向我们揭示出了成功的三大要素。

一个人要想获得事业的成功，最起码得努力工作。任何一个成功者的背后，都少不了汗水和心血，一个人成就的大小往往取决于他努力的程度，付出越多，收获越多。众所周知，爱因斯坦小时候并不算一个聪明的孩子，相反还显得有些迟钝和愚笨。四岁了不会说一句完整的话，上小学时功课总是比别的孩子差，教他希腊文和拉丁文的老师甚至当着全班同学的面辱骂他："爱因斯坦，将来无论你做什么，都会一事无成。"然而爱因斯坦通过勤奋的努力，不但弥补了自己先天的缺陷，追赶上了别人，还成了伟大的物理学家。由此可见，努力工作是一个人成功的基石。

努力工作和懂得休息，这看上去像两个矛盾的对立面，而事实上却是相辅相成的。充沛的精力是努力工作的保证，而充沛的精力从哪里来呢？当然是来源于好的休息。一个真正懂得工作的人，也是最懂得休息的。因为他们明白，如果不懂得休息，就不能全身心地投入工作，就不会有较高的工作效率。而休息好了，神清气爽，精神百倍，思路清晰，做起事来得心应手，往往能取得事半功倍的效果。正如爱因斯坦所说的那样，他每天的生活十分有规律，无论工作有多么繁忙，他都会挤出一些时间来休息。比如，在紧张的工作之余，他会抽空参加各种文化娱乐活动，参加爬山、骑车、赛艇、散步等体育锻炼。曾有人这样形容爱因斯坦的工作劲头："简直像个疯子，似乎永远都有使不完的精力。"懂得休息，才懂得工作，这绝对是适合于任何人的至理名言。

少说废话就是要扎实工作，多干实事，不夸夸其谈，不受外界的影响和干扰，懂得珍惜时间。一个人的生命是有限的，如果把有限的生命用在说废话上，用在对成功的憧憬上，用在浮华的虚荣上，那么毫无疑问这个人将一事无成。大凡有所作为的人，都是惜时如命的。因此一个人要想在某一领域取得成就，最好少说废话，或不说废话，把有限的时间都用于学习和工作。

　　其实，把爱因斯坦的这个公式概括成一句话，那就是：**工作和休息是走向成功的阶梯，而珍惜时间是走向成功的重要条件。这便是成功的秘诀。**

成功就是顺便摘一个苹果

在一座香火旺盛的寺庙里，有一位年岁已高的老和尚，他是寺内的住持，也是一位得道的高僧。在他退休之前，他想从众多的弟子中，选出一个能担当大任的人继承他的衣钵。在老和尚的心目中，有三个比较满意的徒弟，分别是大弟子、三弟子和五弟子。他们沉着稳健，又颇有悟性，按理说应该从他们三人中产生，但为了公平起见，老和尚还是决定展开一次海选。

这天早课后，老和尚将所有的弟子叫到了庙门前，他吩咐说："为师交给你们一个任务，每人去南山打一捆柴，谁打的柴最多，我就将住持的位置传给谁。"徒弟们听后，无不欢呼雀跃，心想，不就打一捆柴吗？这有何难，等着吧，住持的位置非我莫属。

大家离开寺庙后，一路南行。走着，走着，突然前面出现了一条河。放眼望去，只见波涛汹涌，一泻如注。侧耳倾听，涛声如雷，震耳欲聋。有人丢了一根横木下去，转眼就不见了踪影。如此湍急的水流，即便是使用船只和竹筏，也无法摆渡。而南山在河的对岸，要去山上打柴，又必须渡过这条河。怎么办呢？欲渡河，又无桥，空手而归，又心有不甘，一时间，大家陷入了困境。

"这分明就是一项无法完成的任务，看来师傅根本就不想把住持的位置传给我们。"一些弟子抱怨道。

大家在河边站了半天，也没有想出一个渡河的好办法，最后只得望山而叹，沿途返回。

看着弟子们一个个垂头丧气的样子，老和尚不禁摇头叹息，难过不已。没想到众多的弟子中，竟无一人能担当大任，真不敢想象将来寺庙的命运如何。

就在老和尚准备放弃这次测试时，其中最小的徒弟站出来说："师傅，这不能怪我们，去南山的路被急流所阻断，根本无法渡河，我们只能选择返回。不过，并不是完全没有收获，弟子在回来的路上发现了一棵苹果树，上面还剩下最后一个苹果，弟子把它摘了回来。说完，他从随身携带的口袋里拿出一个苹果，递给了老和尚。接过苹果时，老和尚的脸上露出了一丝欣慰的笑容。

原来，老和尚早就知道他们去不了南山，这样做只是想看看弟子们在遭逢绝境时，会做出什么样的选择和应变，结果除了那个小徒弟，其他的弟子都没有任何的作为，他们的眼里只有绝望和抱怨。

不久，老和尚就将住持的位置传给了最小的那个徒弟。

成功有时就是这么简单，只要你顺便从路边的树上摘下一个苹果。然而，很多时候，我们的目光只紧紧地盯着结果，却忽略了处处是机会的过程。中国有句古话，叫天无绝人之路，机会往往就蕴藏在绝境之中，只要我们懂得及时回头，另辟蹊径，就会找到打开成功大门的钥匙。

成功源于走自己的路

　　有这样一个故事，一天，一群小青蛙在外面玩耍，它们不经意间抬起头，发现前面不远处有一座高耸入云的铁塔。其中一只小青蛙突发奇想，要是我们能爬到塔尖上去玩耍，那该多好啊，那上面一定可以看到许多迷人的风景。在这只小青蛙的提议下，大家摩拳擦掌，蠢蠢欲动。很快就看到一些青蛙爬上了铁塔，正一步一步地向上面爬去，走在后面的也不甘示弱，争先恐后地紧跟而上。

　　不久，太阳出来了，火辣辣地炙烤着大地，让人望而生畏，铁塔上的温度更是比地上高了许多。只见小青蛙们一个个气喘吁吁，被晒得汗流浃背。这时，其中一只小青蛙叹息道："塔这么高，何时才能到达塔尖呢？再说上面也不一定好玩，还不如回到地面。"它这么一想，便开始退缩了，并情不自禁地停住了脚步。

　　另一只小青蛙也抱怨说："水里多凉爽，多自由啊，我们爬上塔尖去干什么呢？纯粹是吃饱了撑的没事干，自找罪受。"于是它也停了下来。

　　随后，三三两两地又有一些小青蛙停了下来，它们嘲笑自己真是太傻了，这个提议从一开始就是错误的。于是，它们齐声责备着刚才提出建议的小青蛙。

不一会儿，几乎所有的青蛙都停了下来，并沿途返回了地面。这时，它们吃惊地发现，有一只最小的青蛙仍然在努力地往上爬，它的速度并不快，并且还显得有些艰难，但它却丝毫也没放松，一点一点地往上挪动着。

时间一分一秒地流逝着，终于那只最小的青蛙爬上了塔尖，它看到了天空悠悠的白云，远方漂亮的城市，还有不时从身边掠过的唱着婉转歌曲的飞鸟。真是太美了！太神奇了！小青蛙由衷地感叹。它活这么大，还是头一次看见如此壮观的景象，更重要的是，由此它的目光高远了，心胸开阔了。

当小青蛙从塔尖上下来时，所有的青蛙都瞪大了眼睛，它们的目光中饱含着敬佩、羡慕，还有后悔。当它们问起那只小青蛙为什么能义无反顾地往上爬时，这只小青蛙的回答让它们大跌眼镜。原来，这只小青蛙的听力有些问题，由于它爬得慢，与大家保持着一定的距离，所以大家在铁塔上的议论它一句也没听清。后来，大家都往回走时，又由于它过于投入，根本没有注意到。在铁塔上，它只有一个想法，那就是无论如何也要爬上塔尖。最后，它成功了，如愿以偿地领略到了别人没有领略到的风景。

在我们走向成功的路上，常常会受到外界一些事物的影响，比

如，困难与挫折，名利的诱惑，别人的非议，等等原因，大多数人在中途停了下来，而真正到达成功殿堂的人，屈指可数。因此，我们要想获得成功，就得不畏艰险，经得起名利的诱惑，不在乎别人的是非评论，脚踏实地地走自己的路。

当机遇摆在面前时

　　不久前的一天，我上了一辆公交车，只见车内密不透风，十分拥挤。我努力地挪动着身体，想让自己尽量保持平衡。就在我不经意的一瞥间，我惊喜地发现身边竟然空着两个座位。我刚想一屁股坐下去，但第六感马上告诉我不能坐，肯定这椅子有什么问题，要不然站着这么多人，为何都不坐呢？于是我打消了念头，尽管此刻我十分疲惫，迫切地希望能靠在椅子上休息一会儿，但我还是选择了站着。

　　奇怪的现象发生了，车一共经过了八个站，每一站都上上下下不少人，但那两张椅子却始终空着没人坐。上来的人反应都一样，起初十分惊喜，认为自己很幸运，继而望望站着的人群，表情立刻发生了变化，最后大家都选择了站着。出于好奇，下车时我问司机那两张椅子是不是坏了，为什么一直空着没人坐。司机摸摸自己的脑袋，一脸纳闷地回答说："我也不知道是怎么回事，但椅子绝对没有问题，我的车才买几天。"我再仔细观察了一下那两张椅子，除了上面有一点灰尘之外，的确没有任何的问题。

　　这个有趣的现象，不禁让我想起了我们的人生。**每个人都渴**

望成功，期盼机遇的垂青，可是当机遇真正摆在我们的面前时，我们却往往因为畏首畏尾不敢轻易尝试而错失。**抓住机遇不光需要能力，更需要勇气。一件事成不成功不重要，而敢不敢做则是关键。**

曾听一位友人讲起过一个在金融界流传非常广的故事，说的是有两个年轻的推销员来到印度推销皮鞋。作了几天的市场调查后，他们惊奇地发现这里的人几乎都不穿鞋子，更不要说皮鞋。获此信息，其中一个推销员不免沮丧地说："我们来这完全是一个错误，人家根本就不穿鞋呀！"随后这位推销员失望地回了国。而另一个推销员却坚持留了下来，他认为没有人穿皮鞋，也就意味着皮鞋在这里有着不可估量的商机。要是每一个印度人都买一双皮鞋，那将是一个多大的市场啊？他兴奋地把自己的想法告诉了总部，总部对此十分重视，让他全权负责印度的代理和销售。后来的结果完全如这位推销员所猜想的那样，他改变了印度人不穿鞋子的习惯，由此他获得了巨大的成功。

古人云："机不可失，时不再来。"机会稍纵即逝，一不留神它就从我们的身边悄悄地溜走了。机遇对每个人都是公平的，只是勇敢者善于将机会牢牢地攥在手心，而怯懦者只会瞻前顾后、徘徊不定、犹豫不决。当然机遇与风险常常是并存的，摆在我们面前的也许是机遇，也或许是陷阱，但没走过之前我们谁也无法知晓结果。因此面对机遇我们只有抓住它，再用实践去验证，即便是陷阱，我们也因此而增加了智慧。

摸得着的理想

曾见过一个经验丰富的老农喂牛的过程。刚开始这位老农直接把草料放在地上，让牛毫不费力地食取，农人满以为这样牛会吃得很饱，干活会更加卖力。可是一段时间下来，农人发现，这头牛学会了挑三拣四，不仅浪费了不少草料，身体也不如以前壮实了，还常常懈怠工作，不把主人的话当回事。

后来，这个老农想了一个办法，每次给牛喂草料时，他总是将草料放在一个比牛的头略高一些的架子上。这样，如果牛要想吃到草料，就得付出一定的努力。令人意想不到的是，从那以后，牛不但不再挑三拣四，对一些稍次一点儿的草料也吃得津津有味，并且眼神中还流露出满足与自豪。

我好奇地问老农，为什么把草料放在地上，牛会嫌好道歹，或不屑一顾，而放在高处却要努力去吃呢？

老农笑着说，这就叫越容易得到的东西，越不懂得珍惜，越不容易得到的东西，越会想尽办法得到。

听了老农的诉说，我不禁恍然大悟。不光是牛，我们人也常常这样，太容易完成的事情，往往让人没有前进的动力，也找不到丝毫的成就感。而太难完成的事情，往往又让人望而生畏，觉得遥不可及。只有那些通过一定的努力才能完成的事情，才会让人产生成就感和幸福感，认为成功并不是想象中的那么难。

而生活中，许多人总是喜欢将自己的人生目标定得很高远，认为理想越远大，取得的成就越丰硕。比如，有些人从小就立志要当科学家，当作家，当政治家，当画家，当音乐家，当亿万富豪等。结果，因为好高骛远，这些人在人生的路上总是碰壁，无论怎么努力也实现不了自己的理想，最后只得灰心丧气地放弃了，并且还在心里烙下了一个自卑的阴影。从此以后，事事不顺，空余一声长叹，出师未捷身先死，长使英雄泪满襟。

其实，我们应该给自己定一个看得见、摸得着的目标，这样在攻克一个目标后，就会收获到成功的喜悦，进而建立起自信，有了自信心，就会有克服困难的勇气，就会一步步地迈向成功。这有点像爬山，如果一开始我们就把目标定在高耸入云的山巅，在艰难的攀爬中，你会一点儿一点儿丧失掉信心，还未到达山腰，就失望地放弃了。如果一开始不是将目标定在山巅，而是定在山脚的某个山头，那么你就会一鼓作气地征服这个山头。尝到甜头后，你又会满怀信心地去征服另一个更高的山头。也许最后你到达山巅的时间推迟了，但你收获的快乐远比别人多得多。

一个成功者，不是因为他把自己的目标定得有多高，而是因为

他始终把目标定在自己勉强能够得着的位置。在成就事业的路上，我们需要一把看得见、摸得着的草料，在前面时刻诱惑着我们，激励着我们，那样才能克服重重困难，翻越一座座崇山峻岭，到达事业的峰巅。

奇迹就是在坚持中创造的

刘谦在 2009 年春晚一炮走红，成为家喻户晓的传奇人物，许多人认为刘谦的成功是一个奇迹。的确，对于一个年仅三十三岁，并且双眼严重散光，主修日本语文学的年轻人，能在魔术界引起如此巨大的轰动，能受到亿万老百姓如此热烈的欢迎，能获得如此多的国际殊荣，这不能不说是一个奇迹。但这个奇迹不是偶然，而是在坚持中创造的。

刘谦从 8 岁时就开始自学魔术。有一天他在一家百货公司的魔术道具专柜前瞧热闹，看见店员示范了一个硬币的小魔术。这个小魔术强烈地震撼了刘谦幼小的心灵，他暗暗发誓，一定要拥有这种超能力。于是他买回了大量的有关魔术的书籍，没事时就把自己关在小屋里，认认真真地钻研起了魔术。刘谦的父母都认为他喜欢魔术完全是心血来潮，不会坚持多久，岂知刘谦是一个认定了一件事，就不会轻易放弃的人。他孜孜不倦地学习着魔术的知识和技巧，并虚心地向国内外众多魔术大师求教。

功夫不负有心人，12 岁时刘谦就获得了由世界著名魔术大师大卫·科波菲尔颁发的"全台湾儿童魔术大赛冠军"。随后，刘谦又分别获得了好几个国际性大奖，尽管如此，刘谦的魔术之路还是举步维艰。为了赢得普通老百姓的喜爱和肯定，刘谦走上了街头，在大街小巷，广场商厦，免费表演给大家看。刚开始大家仍然不能接受他，并且一些人反映十分强烈，对他恶语相讽，甚至向他泼大粪。

　　刘谦默默地忍受着这一切，他不断地创新自己的魔术，比如，在魔术中加入受人关注的时尚元素。他还不断完善自己的手法和技巧，做到百密无一疏，不给观众留下任何的破绽。同时为了充实自己的专业领域和格局，他还涉猎音乐，舞台美术，剧场，工业设计，电视，广告，摄影等相关艺术知识。他的认真和坚持终于迎来了事业的春天，有一次他在街头表演魔术时，碰巧被一家电视台的负责人看见，并且被他的魔术深深地吸引。这位负责人邀请他到电视台主持一个魔术栏目，问他是否愿意，只要他点头，马上就可以签订合同。到了电视台工作后，刘谦始终抱着对技艺永无止境的追求和娱乐观众的心态，尽情地向观众展示着自己的魔术魅力。这个节目刚播出不久，立即在观众的心目中掀起了一层不小的波澜，收视率一路飙升，一时间刘谦的魔术成了人们茶余饭后讨论的话题，由此刘谦才算真正走上职业魔术师的道路。

　　刘谦曾说："前15年我一直在练习手指头的技巧，后10年我动脑比动手多，每天都是策划、开会、接受新的资讯和创意，然后在舞台上呈现新的节目形态。"其实，任何一个人的成功背后，都少不了辛劳和汗水，尤其是矢志不渝的坚持。

　　回过头来看成名前的刘谦，其实是一路风雨，一路坎坷，他之所以能在 2009 年春晚一炮走红，凭的就是这种咬定青山不放松的执着，他所创造出的奇迹，完全是在一步一步的坚持中完成的。

撞好自己的钟

有这样一个故事，在一座寺庙里，一个小和尚被安排去撞钟。对于住持的这一决定，小和尚很不乐意，他自认为自己聪明伶俐，能说会道，又有极高的悟性，完全可以干点别的有意义的事情，用不着在撞钟上浪费光阴。可住持坚决说："你先干着吧，其他的等以后再说。"

就这样，小和尚心不甘、情不愿地做起了撞钟工。小和尚心想，让自己做这么低级、简单的工作，简直就是大材小用。暗地里，他不知骂了多少次住持，没有眼光，不会用人。不过，不管小和尚怎么不服气，怎么抱怨，但他终究不能改变这一事实。于是，他只好做一天和尚撞一天钟，得过且过地度过了大半年。

小和尚原打算就这么混下去，谁知有一天，住持突然宣布，让小和尚去后院做挑水和打柴的工作。原因是他不能胜任撞钟的工作。听到这一决定，小和尚既震惊又委屈，他气急败坏地找住持理论："我撞钟怎么不称职了？是没按时撞钟，还是钟撞得不响，影响了大家的生活？"

住持耐心地听完小和尚的诉说，微笑着摇摇头说："不是因为你没有按时撞钟，也不是因为你的钟撞得不响，而是因为你没有用心。每次撞钟时，你的心中都充满了怨恨，认为自己怀才不遇。你没把撞钟当作是一项热爱的工作，也从未认识到撞钟是一件对别人很有意义的事情。你撞钟只是为了应付，只是为了发泄自己的情绪，所以你撞出的钟声听起来空泛、疲软，懒洋洋的，没有丝毫的激情和感召力。钟声是为了唤醒沉迷的众生，给他们希望和力量，因此，撞出的钟声不但要洪亮，而且要圆润、浑厚、深沉、悠远。而这些你都做到了吗？"

听了住持的一席话，小和尚犹如醍醐灌顶，一下子恍然大悟，他惭愧地低下了头。从那以后，小和尚认真地做着身边的每一件小事，并且从不抱怨，也从不认为那没有意义。多年后，他终于修成正果，成了远近闻名的禅师。

生活中，我们又何尝不是扮演着一个撞钟人的角色呢？当我们处在平凡的岗位上时，我们总是抱怨自己的工作太枯燥，环境太糟糕，收入太差，地位太低，英雄无用武之地。在没完没了的抱怨中，我们渐渐迷失了自己，像一头拉磨的驴一样，只知道一成不变地转圈，甚至自暴自弃，懈怠工作。直到被老板解雇的那一天，还执迷不悟地认为一切都是别人的错。而事实上，当我们静下心来，仔细地想一想，**连一件小事都做不好的人，又如何能担当大任，又**

如何能成就一番伟业呢?

　　海尔集团公司总裁张瑞敏先生说得好:"把简单的事做好了就是不简单,把平凡的事做好了就是不平凡。"我们每天只有撞好了自己的钟,才谈得上有所作为。

第三辑

雨后的彩虹最美丽

我们任何一个人都不要低估自己的能力，也不要过于迷信权威。

世上之事，没有什么是不可能的，只要你尽力去做，

成功的大门总是虚掩着的，轻轻地推开它，

你就步入了成功的殿堂。

不要为打碎的花瓶哭泣

那天，窗外飘着阵阵零星细雨，杰克百无聊赖，只好与妹妹在家中玩起了捉迷藏。妹妹蒙着眼睛开始数数，杰克悄悄地溜到妈妈的房间，他打算躲到窗帘背后，谁知一不小心，碰到了放花瓶的桌子，只听"啪"的一声脆响，花瓶掉在地上摔碎了。

杰克见状，吓得面如土色，那是妈妈最心爱的一只花瓶，要是她知道了，一定会打断自己的双腿。杰克后悔不已，他想，那么多好玩的游戏，自己为何非要玩捉迷藏呢？那么多的地方可躲，自己为什么非要躲到窗帘背后呢？如果不玩捉迷藏，不躲到窗帘背后，那只花瓶就不会被打碎了。可是，一切都悔之晚矣，花瓶已经碎了。

现在该怎么办呢？杰克心中如一团乱麻，他首先想到了把责任推给妹妹，如果自己对妈妈说，花瓶是妹妹打碎的，妈妈一定会相信，那样他就可以免除被惩罚了。可是，妹妹那么小，那么可爱，他应该保护妹妹才对，怎能将坏事嫁祸于她呢？

接着，杰克又想到了把责任推到那只白色的波斯猫身上，它整天在家中上蹿下跳，碰翻东西是常有的事，只要自己说几句谎话，妈妈肯定会相信的。可是，妈妈说过，如果波斯猫再打碎家中的东西，她就要将它送人，他可不想因为一只花瓶，而失去自己最好的"朋友"。

最后，杰克想到了离家出走，他想等妈妈的气消了再回来，那样妈妈就不会打他了。可是，自己从未出过远门，也从未独立生活过，并且身上只有几个可怜的硬币，他又能跑到哪里去呢？一想到外面的小偷、强盗、骗子，杰克的心里就发怵，还是算了吧，家里可比外面安全得多，温暖得多！想来想去，杰克毫无办法，只能坐在地上大声地哭了起来。

妈妈听到杰克的哭声，慌忙从厨房里走出来，她关切询问杰克："孩子，到底发生了什么事？为何你哭得如此伤心呢？"杰克指着地上的碎片，啜泣着说："妈妈，对不起！我打碎了你心爱的花瓶。"虽然妈妈十分心疼她的花瓶，但一只花瓶与儿子比起来，又算得了什么呢？于是她忍住心中的怒火，轻声细语地安慰杰克说："孩子，哭是不能解决任何问题的。花瓶已经碎了，无论你怎么哭泣也无法让它复原，你要做的不是在这儿伤心流泪，而是找把扫帚，把碎片清扫干净。"

经历了这件事后，杰克明白了一个道理，那就是**无论遇到多么糟糕的情况，都不要为打碎的花瓶而哭泣，因为逃避、埋怨、烦**

恼、消沉、后悔都无济于事，只有正确地对待自己的过失，并把目光朝前看，那样才能最大限度地挽回过去的损失或失败。后来，杰克用自己积攒下来的零花钱，为妈妈重新买了一个花瓶，比之前那个还漂亮。

鹰曾是被抛弃的弱者

很久很久以前，在澳洲的一个小岛上，生活着一群名叫长喙的鸟儿，它们以蒺藜的果子为食，世代繁衍。

岛上生长着不计其数的蒺藜树，足以满足长喙鸟们生存的需要，所以它们不必为食物而发愁，生活得无忧无虑，安适快乐。然而不幸的是，有些长喙鸟一生下来就带着"残疾"，它们的嘴不像妈妈那样长长的、尖尖的，而是短小钝滞。要知道，长而尖的嘴是长喙鸟生存的工具和资本，因为蒺藜果浑身长满了坚硬的刺，没有尖长的嘴是无法啄开蒺藜果外面的壳的。如果失去了赖以生存的果实，它们就只能被活活地饿死。为了与长喙鸟区分，我们暂且将这种带"残疾"的鸟叫短喙鸟。

通常短喙鸟在出生两个月后，就会被妈妈无情地抛弃。许多短喙鸟在离开妈妈后不久，就被饿死了。但也有一些坚强的短喙鸟，它们不甘心命运的安排，决定放手一搏。它们用短小钝滞的嘴，尝试着啄开蒺藜果。可是无论它们怎么努力，甚至嘴被刺得鲜血直流，依然无法啄开。而在这个岛上，除了蒺藜果以外，又没有别的食物可吃。于是，在万般无奈之下，短喙鸟们带着一身的伤痛飞离了这个小岛。

　　短喙鸟们在海上盘旋着，发出一声声绝望的悲鸣。就在它们饿得快没有力气时，突然欣喜地发现海面上有一些小鱼在游动。它们不顾一切地俯冲下去，以最快的速度，将一条小鱼叼在嘴中。尽管它们十分讨厌这种腥腻的味道，但为了生存，它们还是皱着眉头咽了下去。靠着海上丰盛的鱼儿，它们活了下来，也渐渐改变了以往的饮食习惯，从食果动物变成了食肉动物。慢慢地，它们发现，其实肉食的味道并不比蒺藜果的味道差。

　　虽然它们暂时有了栖身之所，但海上的生存环境十分恶劣，它们的生活再度受到了严峻的考验。为了能有力地生存下去，它们不得不四处捕猎，猎物也不仅仅局限于鱼类，凡是能够得着的动物都成了它们的捕猎对象。长此以往，在恶劣的生存环境下，短喙鸟练就了犀利的眼睛，强健的翅膀，刚猛的爪子，敏锐的观察力，闪电般的速度，超凡的胆识。它们从被人抛弃的可怜虫，蜕变成了翱翔天空的王者。后来人们给它起了一个好听的名字，叫作鹰。

　　而岛上那些自认为有着得天独厚的条件的长喙鸟，因为岛上气候的变化，蒺藜果的消失，它们也自然走向了灭绝。

　　原来，**所谓的弱者，并非永远都是弱者，只要不屈服于命运，敢于顽强拼搏，哪怕是被人抛弃的"残疾"，也能成为生活的强者。**相反，那些仗着自己天生有优越条件而不思进取的人，他们最终会如长喙鸟那样被社会的发展所淘汰。

黄雀与鸿鹄

很久以前，在南方的一片小树林里，居住着两只鸟儿，一只名叫黄雀，一只名叫鸿鹄，它们每天日出而作、日落而息，以林中的虫子和野果为食。有一天，鸿鹄告诉黄雀，它想飞上蓝天，去亲吻空中的白云，然后再到北方去溜达一圈，看看那边有什么好吃和好玩的东西。黄雀听后，不以为然地说："你就不要做白日梦了，天空那么高，北方那么远，你去得了吗？再说，咱们现在过得多快活自在啊！飞上枝头就可以休息，落在地上就可以觅食，干吗要去吃那苦头呢？"鸿鹄听罢，不再理会黄雀，它知道，黄雀永远也不会明白自己的心思。从那以后，鸿鹄一边四处猎食，一边孜孜不倦地练习着飞翔的技术和长时飞行的耐力。没过几年，鸿鹄变得无比强大，于是它决定离开那片小树林，去寻找自己的梦想。当它在天空中看到如蚂蚁一般的城市，看到像棉花糖一样的白云时，它的心中无比振奋，它从来没有见过如此美丽、壮观的风景，那一刻，之前所有的辛劳都化作了幸福、快乐的源泉。后来，鸿鹄又飞到了北方，游遍了那里的山川河流，尝遍了那里的美味佳肴；而那只安于现状的黄雀还终日守着那片小树林，过着饱一顿饥一顿的日子。

秦朝末年，阳城县有一个名叫陈胜的年轻人，虽然他出生于雇农，没有读过书，从小就给地主当长工，但他却梦想着干一番大事业。有一天，他与工友在田间劳作，中途休息时，他意味深长地说："如果有朝一日，我们中的哪个人富贵、显达了，可千万不要忘记一块儿受苦受难的兄弟啊。"工友笑着说："我们都是给别人打工的人，哪有什么前途可言，能养活一家老小就很不错了，你以为人人都能成为达官贵人啊！"陈胜听后长叹了一声，心想，我就不信这个邪，王侯将相不是生来就有的，别人能做，我也同样能做。后来，陈胜在大泽乡拉起了竿子，做了反秦义军的首领，还在陈郡封地称王。而他的那些工友们要么被贫困和压迫折磨而死，要么忍气吞声地苟活着。

大卫·安德森和吉姆·墨菲曾是一对无话不谈的好兄弟，大学毕业后，他们一同进了铁路公司，从事一线工作。从学历和社会背景看，他们没有多大的区别，然而，谁也没想到，二十年后，吉姆·墨菲做了铁路公司的总裁，而大卫·安德森仍然工作在烈日暴雨下。当有人问起其中的缘由时，大卫·安德森神色黯淡地说："当初，我还在为 1 小时 1.75 美元的薪水而工作，吉姆·墨菲却在为这条铁路而工作，是梦想和胸怀成就了他伟大的事业。"

原来，一个人的梦想有多远大，他脚下的路就有多宽广，人与人之间的差别不在于家庭出身和智商高低，而在于是否有远大的目标，是否有为理想而奋斗终生的雄心壮志。

一朵花儿的芬芳

　　我家的阳台上种了许多花草，诸如栀子花、山茶花、龙舌兰、紫罗兰、月桂、金菊等。之前，我一直有一个想法，那就是让阳台上开满鲜花，一年四季，春意盎然，随时都能看到姹紫嫣红的花儿，嗅到醉人的芬芳。然而，几年过去了，阳台上的花开了一拨又一拨，我却不知道栀子花是什么时候开的，山茶花是什么时候谢的，也不知道金菊是如何傲霜而放，腊梅是如何零落成泥……

　　忙，是我生活的主旋律。随着社会竞争的日益激烈，随着房价的居高不下，随着生活成本的不断攀高，人们像一个急速旋转的陀螺，整日不知疲倦地工作着。我也不例外，除了工作，读书，写作，还要教育孩子，娱乐应酬等，几乎没有用心地观看过一朵花，抑或麻木不仁，视而不见，以至于错过无数次花期，依然不知花儿之芬芳。每每看到调零的落英和枯黄的枝叶，我的心里总有一种怅然若失的感觉。

　　前些天，去阳台上晾衣服，无意中瞥见几朵百合花羞答答地张开了几片洁白如玉的花瓣。我凝视着她，她也仿佛凝视着我，那娇媚的姿态就像一个浴水而出的仙子，矜持、含蓄，高贵典雅，超凡脱俗。那摇曳在枝头的花朵，伴着轻风拨动琴弦，舒曼轻回，细细聆听，如品甘醇。那一瞬间，我的心灵受到了深深的震撼，这朵美丽的百合恰似暗夜的一束礼花，照亮了迷失的我。在这个喧嚣的世界，人们远离了自然，心浮气躁，利欲熏心，匆匆地来，匆匆地去，完全忽略了身边一些美好的事物。

生存压力，是当今一个全球性问题，尤其是发达国家和发展中国家的人，他们的身上背负了太多的责任和压力。为了高薪，为了升职，为了房子，为了车子，为了孩子的教育经费……每个人都成了"拼命三郎"，不顾一切地与现实抗争，与命运抗争。尽管不少人通过艰辛的努力，达到了自己预期的目标，但也渐渐迷失了自我，觉得快乐和幸福离自己越来越远。表面的荣光和都市的繁华掩盖不了人们心底的落寞，每个人的心里都渴望一枝花，一枝静静开放，纯洁、绚烂、光鲜、芬芳的花。

其实，**生活并不缺乏美，缺少的只是一双关注的眼睛，一颗宁静释然的心。不光一朵花儿需要我们关注，一些人，一些事，也同样需要我们关注。**因此，我们在忙碌的同时，也应该不时地停下身来，欣赏一下身边的风景，问候一声远方的父母和亲友，给妻子一个热烈的拥抱，给孩子一个甜蜜的亲吻。

花儿虽美，若无人欣赏，那也只是一朵被人遗忘的花，很容易凋零。每个人都需要别人关注，需要别人欣赏，需要别人呵护。花如此，人亦如此。

只看拥有的

　　有一个男孩儿，家里十分贫穷，他穿的衣服又破又旧，连一支像样的钢笔也没有，更要命的是，这个孩子瘸了一条腿，走起路来一瘸一拐的，并且他脸上还长了一块红色的胎记，看起来十分丑陋。

　　这是一个可怜的孩子，也许你觉得他一辈子都抬不起头，会永远生活在自卑的阴影中，毕竟很少有人能够坦然地面对自己身体和心灵的缺陷。而事实上，你错了！这个孩子非常快乐，非常自信，也非常优秀，不仅学习成绩遥遥领先，还擅长演讲和写诗，他时常出现在学校举办的各种活动中，不管能不能够拿奖，他都积极地参与，没有一点封闭自己的习惯。课余，他还喜欢唱歌，跳舞，打乒乓球，尽管老是被人嘲笑，但他毫不在乎，总是乐呵呵的。

　　有一次，一个同学好奇地问他，你腿又瘸，脸又丑，家里又穷，为什么却生活得如此开心、如此幸福呢？他微笑着回答说，因为我有爱我的父母，有关心我的老师，有可爱的妹妹，有温馨的小屋，有灵巧的双手，有乌黑的头发，有洁白的牙齿，有每天跟着我上学的阿黄（一只大黄狗），有四季飘香的月桂……他一口气说了几十个开心的理由，如果不是同学打断他，相信他还会继续说下去。

　　大家听后十分震惊，他们完全没有想到，在这个小男孩眼里，竟然有如此多美好的事物，而在他们的眼里，几乎全是不幸与哀伤，虽然他们的家庭比小男孩富裕，他们的长相比他漂亮，他们的身体比他健康，但他们拥有的快乐却并不比他多。此刻他们才明白，如果你只看到自己没有的，你会越来越失落，越来越自卑，越来越痛苦，因为你没有的东西实在太多了。但如果你只看自己拥有的，那情况就截然不同了，你会变得越来越快乐，越来越自信，越来越幸福，因为你拥有的东西实在太多了。

　　人生路上，许多人拼命地追求着自己没有的东西，而忽略了自己拥有的东西，结果"捡了芝麻，丢了西瓜"，陷入了无边的烦恼之中。其实，每个人都是独一无二的，都有自己的长处和短处，只是有的人懂得扬长避短，而有的人只知道自暴自弃。虽然你没有比尔·盖茨的富有，没有牛顿的聪慧，没有卓别林的幽默，没有姚明的身高，没有刘欢的歌喉，没有范冰冰的俊俏……但你不必嫉妒，因为你也拥有许多别人没有的东西，比如悠闲的生活，健康的身体，纯真的友谊，甜蜜的爱情，等等，只要你善于观察，你会发现你拥有许多美好的东西，而这些东西往往能够让你保持一颗乐观、自信、积极向上的心，或许这才是人生最大的财富。

学会取舍

在很久以前，有一位财主身患重病，生命危在旦夕，而他唯一的继承人却远在他乡。财主十分着急，他知道，管家是一个非常贪婪的人，如果不能及时将儿子叫回来，他毕生创造的财富就会被管家所侵吞。可是，要通知儿子，来回起码得用上一两个月的时间，而自己的身体根本挨不到那个时候。

为了确保家中的财产不落到管家的手里，财主想出了一个绝妙的办法，他在临终前立下了一份遗嘱，内容为：我的儿子可以从众多的财产中选择一项，其余的全部归管家所有。不过前提是，必须要让我的儿子先选，否则遗嘱无效，所有的财产全部捐给国家。

这真是一个天上掉下来的馅饼，管家看到遗嘱后欣喜若狂，立即快马加鞭，将财主的儿子接了回来。随后，管家迫不及待地找来公证人，并将田产、房产、金银、瓷器、字画等均匀地罗列成一项一项的。在管家看来，只要有遗嘱在手，无论财主的儿子如何选择，他都会获得百分之九十以上的财产。

财主的儿子刚看到遗嘱时，心里一团乱麻。如果他选择田产，势必会失去房产；如果他选择房产，势必会失去金银；如果他选择金银，势必会失去其他财产。财主的儿子在心里埋怨，父亲怎么如此糊涂，将大部分的财产拱手送人呢？后来，财主的儿子冷静一想，父亲是一个聪明人，他不可能做出这样一个损害自己利益的决定，其中一定有自己没有想到的深意。

略微思索了一会儿，财主的儿子恍然大悟，他一下子明白了父亲的用意。于是，他放弃了所有的财产，单单选择了管家。因为在古代，管家也是主家的财产之一，只要财主的儿子在这个世上一天，管家和所有的财产都属于他所有。就这样，财主的儿子没费吹灰之力就得到了所有的财产，而处心积虑的管家则竹篮打水一场空，到头来什么好处也没捞到。

还有一个故事，说的是有一个人在一个下雨天开车回家，行至一偏僻处，发现有三个人焦急地站在路边等车。对他来说，这三个人都十分重要，一个是曾经救过自己命的医生，一个是需要去医院就诊的病人，一个是自己心仪的姑娘，而让人为难的是，他的车只能载一个人。如果先送救过自己命的医生回家，势必会让病者的病情雪上加霜；如果先送病者去医院，势必会错过心爱的姑娘；如果先送心仪的姑娘回家，势必会伤了救命恩人的心。正在左右为难之际，一个路人对他说："这有何难的，你把车钥匙交给医生，让他开着车送病人去医院，然后你留下来陪这位姑娘，岂不是三全其美吗？"

　　原来，很多事情看似纷繁复杂，理不出个头绪，而答案却往往蕴含在其中。所谓"打蛇打七寸""擒贼先擒王"，只要你用心观察，懂得取舍，抓住事物的关键所在，就能透过表象，看到实质。然而，在利益的面前，我们常常被蒙蔽了双眼，只会忽略别人，首先想到自己，结果总是丢了西瓜，捡了芝麻。

吃亏是一种智慧

有人说，人什么都可以吃，但就是不能吃亏，因为吃亏对自己是一种损失。而事实上，吃亏并非完全不利己，相反，有时它能成为你成功的助推器。

那年，约翰·阿奇博德来到标准石油公司上班，因为他是新人，加之憨厚老实，公司的一些老员工经常把该自己做的工作推给他做。刚开始，阿奇博德很热情，但时间长了心里就有些不乐意。尽管如此，他还是很少推辞，毕竟自己初来乍到，又没有什么背景，有些事情能忍则忍，尽量不去得罪他人。

阿奇博德根本没有想到，自己的友好与善良，换来的却是同事的得寸进尺，变本加厉。终于有一天，阿奇博德忍无可忍，在办公室里与同事大吵了一架，并决心尽快离开这个不如意的地方，另外寻找一份工作。

那天晚上，阿奇博德回到家里，满心委屈地向父亲诉说起此事。父亲听后，慈爱地说："孩子，如果你觉得这样做是正确的，或者这样做能够减轻你内心的痛苦，那么我不反对。可是，你能保证在新的岗位上，就不会遇到同样的问题吗？逃避不是解决问题的办法，你应该学会勇敢面对。也许你的同事是有些过分，不过，你换一个角度想一想，你刚刚步入社会，很多方面都需要学习，需要积累经验，同事让你帮忙，你正好有机会接触到你不了解的领域，这或许对你日后的发展有很大的帮助。吃亏未必是一件坏事，关键是你自己要摆正心态。如果你真诚待人，处处为别人着想，相信别人一定会理解你，毕竟人心都是肉长的，今天你为别人付出了，明天别人就会以另一种方式回报于你，并且你得到的远远比你失去的更多。"

父亲的话令阿奇博德茅塞顿开，于是他不再抱怨，也不再被动地接受，而是主动地帮助身边的人。果然，没过多长时间，阿奇博德就成了公司里最受欢迎的人，而那些曾经欺负过他的同事都成了他的良师益友。

后来，阿奇博德还把这种处世原则运用到了工作之中，不管公司的领导有没有安排任务，也不管做这件事有没有报酬，他总是不厌其烦地向别人介绍他的公司，推销他公司的石油，为此他还获得了一个特别的绰号——"每桶四元"（阿奇博德签名时有一个习惯，喜欢在名字的下方写上"每桶四元标准石油"）。一次偶然的机会，标准石油公司总裁洛克菲勒听说了这件事，他感到十分震惊，也十分感动，他没想到世上有这样尽职尽责的员工，竟然把公司的声誉和产品当作自己的声誉和产品来宣传。没过多久，阿奇博德就接到了公司人事部门的通知，让他担任一个重要的职位。再后来，洛克菲勒离开了标准石油公司，而阿奇博德成了他指定的接班人。

　　原来，一切正如郑板桥所说：吃亏是福。能"吃亏"是一种为人处世的境界，而会"吃亏"则是一种成就事业的智慧与策略。

短视与远见

　　1923 年的一天，沃尔特·艾拉斯·迪士尼来到叔叔家里。他准备开一家影视制作公司，但在资金方面遇到些问题，他希望叔叔能借给他一笔钱。为了取得叔叔的支持，迪士尼答应，无论叔叔出多少钱，都可以拥有公司一部分股份。这本来是一个很有诱惑力的承诺，但迪士尼的叔叔却并不稀罕，他是一个很现实的人，从不作无谓的投资。那时迪士尼尚未成名，只是一个有着一腔热血的普通青年，他的公司能支撑多久，没有人能说得清。念在亲戚的份上，他借给了迪士尼 500 美元，但条件是：拒绝入股，返还现金。

　　谁也没有想到，几年后，迪士尼的公司成了美国知名的企业，尤其是"米老鼠系列"和《三只小猪》上影后，迪士尼名声大噪，其公司股价直线上升。这时迪士尼的叔叔后悔不迭，如果他当初选择入股的话，现在他至少能够拥有 10 亿美元的财富。

　　与迪士尼的叔叔比起来，胡雪岩则是一个卓有远见的人。25 岁那年，胡雪岩正在阜康钱庄当伙计。一天，他在茶馆里一边喝茶，一边听别人闲聊，这时，从外面走进来一个与他年龄相近的落魄书生。虽然这个人衣衫破旧，满面愁容，但看起来气宇不凡。胡雪岩向来敬重读书人，于是主动靠过去，与他攀谈起来。

胡雪岩在交谈中得知，这个人名叫王有龄，出生于官宦世家，但到了他父亲那一代就没落了，虽然他捐了个盐运使，但那只是一个虚名，并没有实际权力。此次他途经浙江就是为了进京求取功名，补个实缺。然而不幸的是，他的盘缠全部花光了，并且他的父亲还病死在了杭州。现在他身无分文，举目无亲，不知该如何是好。

听了王有龄的诉说，一股怜悯之情油然而生，胡雪岩决心帮助王有龄渡过难关。在胡雪岩看来，王有龄并非等闲之辈，将来一定前途无量，如果能够助他一臂之力，他定会感激涕零，报之以李。可是，自己也是一个一穷二白的伙计，又哪来那么多钱帮助他呢？忽然，胡雪岩想起了自己刚收回来的一笔死账，一共有五百两银子，现在暂时还没有任何人知道，不如将这笔钱拿给王有龄救急，等他补了实缺后再还上，岂不是两全其美？

当王有龄拿着胡雪岩送给他的五百两银票时，他简直难以置信，感动得热泪盈眶，只说了一句话：咱们萍水相逢，你怎么对我这么好呢？胡雪岩笑答：朋友嘛，本来就应该互相帮助，如今你有难处，我心里十分难过，不拉你一把，我睡不着觉！

事实上，胡雪岩看人真的很准，不久，王有龄便成功当了浙江粮台总办。王有龄发达后，偿还了胡雪岩的恩情。后来，胡雪岩的生意越来越好，除钱庄遍地开花外，他还开了许多商铺，经营中药、丝绸、茶叶、粮食等业务，其个人资产超过了二千万两，可谓富甲一方，难怪后来人们说："为官须看《曾国藩》，为商必读《胡雪岩》。"

不让世界改变自己

　　多年前，有两个年轻人去海边玩耍，那时正值退潮，随着一波一波的海浪渐行渐远，海滩上留下了不计其数的贝壳和其他海洋生物。其中一个年轻人看见后，他赶紧弯下腰，将那些未能跟着海水一起回到大海的贝壳一个一个地拾起，然后用力地抛向海水中。

　　对此，另一个年轻人感到十分不解，他好奇地问："你这是干什么，好玩吗？"扔贝壳的那个年轻人回过头说："不是，我在拯救贝壳，它们被海水冲到了岸上，如果我不将它们及时送回大海里，时间长了，它们会全部死掉的。"另一个年轻人说："你觉得这样做有意义吗？海滩这么宽，即便你不吃饭，不睡觉，扔到明天早上，也拯救不了多少贝壳，与其像傻子一样做无用功，不如好好地欣赏落日下的海浪沙滩。再说，海滩上这么多人玩耍，你看，除你之外，还有谁在充当救世主呢？你就不要白费力气了，浪费了这大好时光。"

　　朋友的劝说，并没有让他停下手里的活，他一边忙碌着，一边淡淡地回答道："虽然我没有能力改变所有贝壳的命运，但至少我可以改变上百只贝壳的命运；虽然我改变不了别人的意志，但至少我可以坚持自己的想法，做自己喜欢做的事。在海滩上散步是一种享受，挽救贝壳的命运同样是一种享受，反正我们也没有别的事，何乐而不为呢！"另一个年轻人听后不以为然，他嗤之以鼻地说："那你慢慢享受吧！我还有别的事，就不陪你了。"

多年后，在海边拾贝壳的那个年轻人成了著名的企业家，深受别人的尊敬和爱戴；而另一个人则一事无成，终日牢骚满腹。

一个小小的细节就可能决定一个人的命运，改变一个人的人生。在这个世界上通常有两种人，一种人在遇到困难时，总是为自己寻找退缩的借口，还冠冕堂皇地说，别人都这样，我为什么不可以呢？而另一种人遇到困难时，总是尽自己最大的努力去做，能完成多少是多少，能改变多少是多少，并且从不抱怨，也从不计较其中的得失。

在生活中，我们每天都会面对许多的事情，而在具体处理这些事情时，我们常常会受到外界的影响和牵制。比如，大街上躺着一块香蕉皮，有很多人从它面前经过，但大部分的人都选择了视而不见，因为他们认为那不是自己丢的，凭什么去捡；而有一小部分人，他们想也没想，就将香蕉皮捡起，顺手扔进了垃圾箱里，因为他们认为这只是举手之劳，没什么大不了的。

很多事情，做与不做，完全在人的一念之间。不做，你就成了一个随波逐流的人，久而久之，你就会丧失掉自我，变得麻木不仁，听天由命，完全处于被动状态；而做了，你不仅不会损失什么，还会从中获得经验教训，获得勇气与力量，获得别人的感激与支持，更重要的是，你可能会影响身边的许多人。因此，**凡是我们认为对的事情，无论别人怎么说，怎么做，我们都不必理会，始终坚持自己的原则，将它认认真真地做好，即便我们改变不了世界，但也决不让世界改变了我们。**

唤山不如走过去

　　世界著名营销大师柴田和子刚进入寿险界时，遇到了一位脾气暴躁、刁钻苛刻、蛮不讲理的上司。这位上司每天板着一副严肃的脸，动不动就对下属大呼小叫，不是训斥这，就是训斥那。要是遇到心情不好，他还会不断地找茬，把所有的情绪都发泄到下属的身上，大家几乎每天都生活在一种白色恐怖之中。

　　那天，柴田和子高高兴兴地去公司上班，谁知前脚刚迈进办公室的大门，就听见支部长（上司）生气地说道："你怎么可以右脚先踏进办公室呢？赶紧退回去，重新敲门进来。"柴田和子满心委屈，忍不住问："左脚先踏进办公室和右脚先踏进办公室有什么关系，目的不都一样吗？"支部长没有回答她的问题，而是大声地骂道："你懂什么！一个新来的菜鸟，按照我说的做就是了。"柴田和子生性好强，并不轻易服软，她站在原处一动不动，打算与支部长进一步理论，她觉得即使自己犯了错，也要知道错在什么地方。

　　支部长见她没有动，面子上十分过不去，怒不可遏地朝她吼道："怎么，想造反吗？你爱干不干，不干立马卷铺盖走人。"柴田和子默默不语，她知道，跟这种人讲道理是讲不清的。支部长见柴田和子不说话，便挖苦道："怎么，你想以沉默来对抗吗？"

　　柴田和子的泪水夺眶而出，她忍不住伤心地哭了一场，随后头也不回地离开了办公室，她决定就算去捡垃圾、扫大街，也不愿再面对这个变态的上司。就在柴田和子准备写辞职报告时，母亲走了过来，她亲切地对柴田和子说："孩子，你听说过穆罕默德唤山的故事吗？"柴田和子摇了摇头。母亲继续说："曾经，穆罕默德对别人说，他能让山移动到他面前，可是他连唤了三次后，大山岿然不动。于是，穆罕默德只好微笑着说，既然山不过来，那我就自己走过去吧！你的那位支部长就如同挡在你面前的一座大山，你要想改变他，那根本不可能，唯一的办法就是主动去适应他，因为唤山不如走过去。"

　　听了母亲的诉说，柴田和子恍然大悟，自己进公司的目的不是为了寻找一个温和友善的上司，而是为了学习营销的技巧，如果遇到这么一丁点儿的困难就退缩，那自己这辈子能有多大出息呢？回到公司后，柴田和子诚恳地向支部长道歉，请求他的原谅，并下定决心去适应支部长的脾气和管理模式。

　　其实，这位支部长除了脾气不好和有洁癖外，他的身上还是有不少的优点的，比如，经验丰富，业务精湛，做事一丝不苟，看待问题敏锐、犀利等。从支部长的身上，柴田和子学到了很多的东西，为她事业的发展打下了坚实的基础，可以说没有这位苛刻的支部长，就没有后来辉煌的柴田和子。

　　正是因为柴田和子秉承唤山不如走过去的原则，所以不管遇到多么刁钻的客户，她总能想办法去适应他们，说服他们。就这样，仅仅过了几年，柴田和子的业绩就超过了日本的任何一位推销员，刷新了吉尼斯世界纪录，成为全球寿险界数一数二的顶级大师；而她的那些同事，要么还在喋喋不休地抱怨着，要么愤然地选择了离开。

一张报纸的价值

一切的改变皆从那场车祸开始。那天，贺小萌放学回家，在一个十字路口，看见一个调皮的小男孩在公路上玩皮球，玩着玩着皮球从小男孩的手中滑落，滚到了贺小萌的脚边。正当贺小萌弯下腰打算帮小男孩拾起皮球时，他眼角的余光突然瞧见一辆轿车正朝他们驶来。情急之下，贺小萌一把推开了小男孩。伴随着一阵紧急的刹车声，贺小萌像一片飘飞的枯叶般跌落在一丈余外的地上，鲜血染红了他的双腿。

虽然那场车祸没有要去贺小萌的性命，但却让他失去了两条腿。贺小萌在医院里足足躺了两个月才出院。回到家后，贺小萌不得不每天待在轮椅里。一个年华正茂的青年失去了活蹦乱跳的双腿，那是一件多么残忍的事啊！为此，品学兼优的贺小萌一下子沉沦了，他变得自暴自弃，沉默孤僻。除了动不动就对父母发脾气外，他从来不与任何人说一句话。同学来看他，他用送来的礼物砸他们。父母劝他，他就绝食。他每天都把自己关在一间黑暗的房子里，两眼呆呆地望着天花板，谁也不知道他脑子里想的什么。见他这样，母亲终日以泪洗面，父亲终日无可奈何地摇头叹息。

　　转眼间半年过去了，又到了一年春暖花开时。一缕缕温暖的阳光透过贴着报纸的玻璃窗户投落在他那双空荡荡的裤腿上，窗外几只小鸟欢快地叫着。也许是他在家里闷得太久，也或许是春天的情愫感染了他，他第一次主动要求父亲推他到外面去走走。父亲露出了久违的笑容，像买彩票中了大奖似的，喜滋滋地将他推到了小区的花园里。

　　此刻，花园内阳光明媚，垂柳依依，鸟语呢喃，空气清新怡人，花香阵阵。贺小萌感到外面的世界是那么的美好，心情前所未有的轻松。然而就在他沉醉于春天的美丽时，他猛然间触到了人们看他时好奇的目光，这些目光犹如一支支利箭直插贺小萌的心脏，令他窒息，令他痛不欲生。

　　贺小萌的这一变化，很显然被父亲看在眼里，但父亲并没有安慰他，而是顺手从地上捡起一张废报纸，亲切地对贺小萌说："孩子，你觉得这张废报纸有价值吗？"

　　贺小萌低垂着头，一动不动地盯着地上爬行的蚂蚁。他是多么的羡慕这些蚂蚁，它们有灵活的双腿，可以自由自在地去想要去的地方。而自己就像一个废人，每天除了吃饭，就只能坐在轮椅上消磨生命。他抬起头，目光呆滞地望着父亲，冷冰冰地说："一张废报纸能有什么价值！"

　　父亲没有立即反驳他，而是将报纸铺在地上，然后一屁股坐了下去。父亲说："孩子，你看，它是有价值的，它可以用来垫在地上，供人坐着休息。"接着父亲又将报纸拿起来，津津有味地翻阅。父亲说："孩子，你看，它是有价值的，它还可以供人阅读，供人消遣。"

虽然贺小萌觉得父亲说得有些道理，但这跟自己有什么关系呢？

只听父亲继续说道："孩子，**其实任何东西都有他存在的价值，比如一棵草，一朵花，一片树林，一只蚂蚁，一只蜜蜂……这些东西看似卑微，但它们都是有价值的，对人类都有着不可估量的贡献。**孩子，你作为一个活生生的人，虽然不幸失去了双腿，但你还有聪明的智慧，还有一颗善良的心，还有一双勤劳的手，你完全可以做一个有益于国家、有益于社会的有价值的人。"

贺小萌望着父亲充满希望的眼神，坚定地点了点头。从那以后，贺小萌不再整日将自己关在屋子里，而是积极地帮助周围的人做着自己力所能及的事情。

推门的勇气

那年，学校领导在没有通知我的情况下，就为我报了省里的优质课大赛。得知此事后，我诚惶诚恐，埋怨领导不该让我去，我一个小地方的青年教师，既没有渊博的学识，也没有丰富的教学经验，让我去参加这么高级别的比赛，别说拿奖，要是出个什么差错，岂不在全省的同行面前丢尽脸面？我强烈要求领导重新换一个人。

领导听后，轻轻地拍了拍我的肩，满怀信任地说："小伙子，不要担心，我们都看好你，你就全力以赴吧。"虽然我极不情愿，但名单已递交上去，无法修改，我只能硬着头皮应赛。毕竟这不光牵扯到我个人，也关系到学校和地区教育主管部门的名声，为此，我认真地作了一个多月的准备。

比赛那天，可谓群英荟萃，全省的教育专家，资深的业内同行，大家济济一堂，让人望而生畏。来之前我已做好了充分的思想准备，我不是来拿奖的，我只是把这当作一次锻炼自己的机会，要是赛得好，权当是运气。要是赛得差，就当是拜师学艺。

　　参加比赛的人都是各个地区的骨干或精英，他们纷纷登场，演绎了一堂堂精妙绝伦的优质课。快轮到我时，我的内心还是不免有些紧张。这时一位老教授的话在我的耳边响起，当自己感到慌乱时，先做三次深呼吸，然后忘却下面坐着的领导和专家，心里只有课和学生。于是我试着调控自己的情绪，把要讲的内容迅速地在脑海里回忆了一遍，确认没有丝毫的疏漏以后，我一下子放松了许多。我从容镇定地走上讲台，神态自若地侃侃而谈，以自己特有的教学方式，诙谐轻松的语言，赢得了台下一片热烈的掌声。

　　优质课大赛结束，我出乎意料地获得了三等奖，尽管只是三等奖，但对于像我这样一个二十多岁的年轻教师来说，已是莫大的成功。后来我才知道，我心中崇拜的那些老教师，其实他们在走上讲台时，同样紧张得要命，同样没有十足的把握。

　　在领取奖杯和证书的那一瞬间，我突然想起了吉·海因斯。在1968年的墨西哥奥运会百米赛道上，美国选手吉·海因斯以9.95秒的成绩，打破了欧文斯1936年创下的10.03秒的纪录。在之前的32年中，人们一直将欧文斯创下的纪录当作神话，认为无人能再超越，包括海因斯也这样认为。然而他却奇迹般地打破了这个神话，开创了奥运会百米赛的新纪录。当海因斯触线的那一瞬间，他看到了指示灯上的数字9.95，他掩饰不住内心的激动，自豪地说，原来 10 秒这扇门不是紧锁着的，而是虚掩着的。

看来，我们任何一个人都不要低估自己的能力，也不要过于迷信权威。世上之事，没有什么是不可能的，只要你尽力去做，成功的大门总是虚掩着的，轻轻地推开它，你就步入了成功的殿堂。

适时示弱是种智慧

　　前些日子，在网上偶遇大学同学王××，我感到既高兴又激动。毕业十多年，许多同学在事业上都取得了不小的成就。有的从政做了官，有的下海经商做了老板，有的成了某单位里挑大梁的骨干。我猜想，王××也一定混得不错。因为大学时，他是我们的班长，不光学业优秀，而且吹、拉、弹、唱样样精通，是一个极富才气与能力的高材生。

　　当我问及王××的现状时，他发了一个非常郁闷的QQ表情过来。我问他："以你的才能应该是春风得意，怎么会郁闷呢？"王××说："什么春风得意，我奋斗了10年，还是小职员一个。"怎么会这样呢？我难以置信。以王××的能力，无论在哪个单位，都应该是数一数二的人物。王××接着说："这有什么好奇怪的，排挤人才，嫉妒人才，压制人才，都是常有的事。"听了王××的诉说，我不禁为他的怀才不遇而感到深深惋惜。

　　半年后的一天，我去参加省外的一个笔会，其中有一个文友正好是王××的上司。席间我们谈起了王××，文友说："王××的确是个不可多得的人才，然而他太好表现，锋芒毕露，逞强好胜，恃才傲物，不把任何人放在眼里，在单位里很不受同事的欢迎。尽管如此，我还是十分欣赏他的才干，好几次想找机会提拔他，可遗憾的是每次投票，他的得票都是最低，我也没有办法。"

原来王××的不得志，不是输在能力上，而是输在做人上。他之所以得不到领导的器重，得不到同事的支持，主要就在于他太"强"。强大固然让人敬仰，但太强，就会因刚而折。做人也是这样。如果你处处表现得盛气凌人，不可一世，就会让人望而生畏，敬而远之，使自己陷入孤家寡人的境地。而任何一项工作，都需要团队合作。一个人的能力再强，仅靠一人之力，也不可能办成什么大事。

其实，**适时示弱是一种生存智慧，也是一种获取成功的手段。强者示弱，不但不会降低自己的身份，反而能赢得别人的尊重，留下"谦虚、和蔼、平易近人、心胸宽广"等美名。懂得示弱的人，往往能更有力地存活下来。**这样的例子不胜枚举：项羽强悍英武，飞扬跋扈，结果兵败垓下，英雄末路，自刎乌江。而汉高祖刘邦善于示弱，结果一统江山，坐拥天下，成为一代帝王。韩信居功自傲，功高盖主，结果招来杀身之祸。而与他同朝的另一个大臣萧何，却懂得处处避其锋芒，赢得了朝野一致的好评，也确保了他一生的地位和平安。

因此，无论在工作还是生活中，我们都要学会适时示弱。那样，我们的人生之路才会走得顺畅。

生活是一道模糊的数学题

不知从何时开始，我养成了一板一眼的习惯，无论什么事情，我总是喜欢按照自己的计划行事，如果达不到预期的效果，或出现了什么差池，我就会感到灰心失望，甚至愤恨、痛苦。

去年七月，我计划买一台笔记本电脑，正好表弟在省城的一家电脑城工作，我猜想，表弟作为公司的职员，他去买一定能拿个批发价。于是，我打电话给表弟，让他有空给我弄一台性能好一点的笔记本电脑回来。表弟爽快地答应了，说这件事包在他身上。

果然，没过几天，表弟就托人将电脑给我带了回来，我十分高兴，随即将钱给他打了过去，还特地多汇了一百元的辛苦费。这本来是一件皆大欢喜的事，但让人始料不及的是，一星期后，我在县城的一家电脑店里，发现了一款一模一样的电脑，其价格比我买的便宜500块钱。买这台电脑，表弟在我的身上至少多赚了七八百块钱。立刻，我有一种被欺骗的感觉，并且是被自己的亲人所骗，这种滋味很不好受。我一直认为亲人之间应该坦诚相待，绝不能有半点虚假和欺骗。表弟既然开假发票算计我的钱，那就说明他根本没把我当真正的亲人，这样的人怎么值得信赖呢？从那以后，我总是寻找各种理由，拒绝与表弟来往。

前不久，我的一位好友发来一条短信，我以为是什么祝福语，谁知打开一看，竟是一条带有诅咒的短信。内容是一则笑话，但要求阅读者转发八次，否则会遭到家破人亡的报应。我没想到这种无稽之谈的短信，我最好的朋友会转发给我。虽然朋友也是遭别人"暗算"，出于害怕和无奈，但我不能原谅他的这种行为。我一向认为，真正的朋友，应该勇于为对方担当，遇到麻烦，不是想办法转嫁给别人，而是自己默默地承担。因为一条短信，我将最好的朋友列入了黑名单，从此不再与之往来。

……

生活中，我还遇到许多类似的情况，对此，我总是耿耿于怀，郁郁寡欢，不能理解别人的过失。直到后来，我读了一本书，方才明白，原来，**生活是一道模糊的数学题，没有精准的答案，并不像种瓜得瓜、种豆得豆那么简单。有时我们付出了，回报的却并没有我们想象的那么多；也有时我们付出了，却并不需要别人回报；有时别人欺骗了我们，也有时我们欺骗了别人。也许一切正如普希金诗云：假如生活欺骗了你 / 不要悲伤，不要心急 / 忧郁的日子里须要镇静 / 相信吧，快乐的日子将会来临 / 心儿永远向往着未来 / 现**

在却常是忧郁 / 一切都是瞬息 / 一切都将会过去 / 而那过去了的 /
就会成为亲切的怀恋。因此，凡事我们不能太死板、太小心眼，应
该保持平和的心态，常常心怀感激和感恩，那样我们才会收获幸福
和快乐。

大舍大得

　　吃罢早饭，习惯性地打开电脑，谁知并没有听到那熟悉的开机声，显示屏提示为无同步信号。看电源指示灯，既没有点亮，也没有闪烁。真倒霉，电脑又出问题了！我愉快的心情顿时变得烦躁起来。上午是我投稿和写作的时间，电脑开不了机，写好的文章也就无法发送出去，而送到维修部去修理，得耽搁好几天的时间，这让我怎能不郁闷呢？

　　几年前，为了便于写作，我买了一台台式电脑。那时电脑还没有普及，价格相当昂贵，几乎花去了我所有的积蓄，我一直将它当宝贝似的爱惜着。可是近年来这台电脑还是频频出现故障，运行速度也比以前慢了许多。估计是使用时间太长，电脑的硬件老化了。家人曾多次劝我换一台新电脑，但我总觉得没什么大问题，修一修还是能用的，丢了太可惜。其实算下来这几年用去的维修费加上误工费和车费也差不多能买一台新电脑了。

　　下午，我抽空将电脑送到维修部。修电脑的师傅用万能表检查后说，电脑主板、CPU 和电源都烧了，如果全换的话，可能要花两千元左右，你看修还是不修？电脑的主要元件都坏了，全换肯定不如买新的，权衡一番后，我终于决定换一台新电脑。

我用了五千多块钱买回一台笔记本电脑，相比之下，新电脑无论是配置、性能还是运行速度都比以前那台旧电脑好了许多，并且笔记本电脑是液晶显示屏，看起来一点儿也不刺眼，连续用上两三个小时，眼睛也不觉得疲惫。最大的好处还是突然断电后，再也不用担心没来得及保存的文件会丢失。因为笔记本电脑都配有干电池，停电后会自动开启，仍然可以继续工作。自从换了电脑后，我的心情变得特别轻松，工作效率也提高了不少。细细想来，要是早换掉电脑，自己不知可以少受多少罪。

由此，我不禁想到了我们的人生，**很多时候我们不是缺少才气，也不是缺少机遇，而是缺少打破旧事物的勇气。**多年前我有一个在国有企业工作的朋友，由于单位不怎么景气，效益很差，朋友多次想辞职下海，可是都因"食之无味，弃之可惜"的思想影响，而未能下定决心。最后他所在的企业因经营不善倒闭了，他也自然而然地下了岗，没了退路，也没了后顾之忧，他全身心地投入到自己的生意中。几年后他有了自己的公司，有了让人羡慕的轿车和别墅。想起当年，他不禁由衷地感叹，那时为什么就不懂得舍弃呢？

事情往往就是这样，如果你舍不得放弃或打破旧的事物，你就

无法获得新的突破和重生。正如佛家所说：舍得，舍得，不舍不得。小舍小得，大舍大得。舍是一种态度，是一种勇气，也是一种智慧。从某种意义上讲，人生是越得越少，越舍越多。因此一个人要想在事业上取得成功，首先就要懂得舍弃。

高锟的胸怀

提起高锟，可能大家都比较熟悉，因为他是我们华人的骄傲，在去年十月份获得了诺贝尔物理学奖。高锟提出在电话网络中以光代替电流，以玻璃纤维制造出比头发丝还细的光纤，取代传统的铜导线作为远距离通信线路，从而引发了一场世界通信技术的大革命，被人们誉为"光纤之父"，或"光纤通信之父"（Father of Fiber Optic Communications）。

高锟在科学上取得的卓越成就，犹如一轮红日，照亮了东方大地，及至整个世界，令人赞叹，令人仰慕。然而，高锟的胸怀同样让人敬仰，让人佩服。

在香港回归前夕，中央政府邀请高锟出任港事顾问。作为炎黄子孙中的一员，得知香港即将回到祖国的怀抱，高锟十分高兴，爽快地答应了下来。谁知，这样一件美事，却在香港中文大学掀起了一场轩然大波。大学生们对高锟出任港事顾问一事极不理解，也极为不满，他们认为这是学术向政治献媚。

在一次演讲大会上，一些反对高锟的学生，高举"高锟无耻"的条幅，以此表达对高锟的憎恨和不满。高锟看见后，并没有生气，也没有责骂这些学生，只是微微一笑，然后继续他的演讲。反对的学生觉得很不解气，于是，又有学生走上讲台，夺去了高锟手里的麦克风，台下还有个别激进的学生，将装有玩具娃娃的避孕套朝高锟扔去。面对学生如此肆无忌惮的挑衅和侮辱，很多人认为，这些学生肯定要倒霉了，轻则被记过，重则被开除。但出人意料的是，高锟以海纳百川的胸怀，宽容了学生的无知行为。

事后，当记者询问高锟，将如何惩罚这些不知天高地厚的学生时，高锟满脸惊愕地说："我为什么要惩罚他们呀？他们只是表达了自己的不同意见而已，我相信，总有一天，他们会理解我，并接受我的。"高锟的回答，让记者无比意外，也无比敬佩。当晚，高锟回到家里，夫人问及此事，高锟幽默地赞叹说，你看我的这些学生们厉害吧，他们连校长也敢批，也敢砸，这才叫作大学生！

尽管高锟为人谦和大度，但他的宽容并没有换得学生们的理解和支持。1996 年，在高锟离任香港中文大学校长一职时，有一位学生特地在中文大学的校报上，发表了一篇署名文章，内容大意是，高锟任职十年，是中文大学最无能的一位校长。而事实上，高锟在任职期间，为中文大学罗致和培养了一大批人才，使中大的学术结构和知识结构更加合理，使香港和内地的科技界交流更加密切。对于学生有失偏颇的评价，高锟付之一笑，随后挥挥手，告别了香港中文大学。

　　然而，就是这样一位被学生批判为最无能的校长，却在十几年后，取得了举世瞩目的成就，获得了诺贝尔物理学奖，为世界做出了巨大的贡献。

　　高锟的成功，自然跟他孜孜不倦的努力，刻苦钻研的科学精神分不开，但也与他博大的胸怀有着千丝万缕的联系。事实证明，**任何一个圣人，伟人，成功者，他们都有一颗宽容的心，都有一份宰相肚里能撑船的虚怀若谷的胸襟。**

一个货郎的遗言

多年前，我在一个边远的山区支教。学校坐落在一座林木茂密的大山中，风景十分秀美，可是交通非常不便，赶一趟集得步行三四个小时，平常所吃的菜多半都是学生家长送来的。

学校的条件十分落后，除了三间简陋的教室外，还有一间狭小的办公室，也是我的卧室。学校一共有三名教师，除了我是外地人外，另外两名教师都是本地人，每天放学后他们都要回自己的家。白天的时光比较好应付，除了上课，批改作业，还可以和两个同事聊聊天。但晚上的日子就难熬了，那时没有电视，连电灯也没有。通常放学后，我先到后山吹一阵笛子，随后再去山下的河边坐坐，等到天快黑时再回到宿舍里。

那年月，乡间时常有货郎出没，他们挑着一个担子，走村串户，卖些日用品什么的。其中有一个叫张老三的货郎，每个星期都会在这一带转悠。路过的次数多了，彼此便熟识起来，偶尔买了东西，也站在一起说说话，拉拉家常。张老三年约四十岁，长得憨厚老实，脸上黑不溜秋的，额头上的皱纹很深，说起话来像放机关枪似的。

　　有一个周末，张老三正好路过这儿，我问他能不能帮我搞一部收音机。张老三嘿嘿地笑着说，没问题，我每个月都要去城里进一次货，到时顺便给你带一部，绝对不赚你的钱。我听后十分欢喜，随即将买收音机的钱交给了张老三。那时的工资很低，买这个收音机几乎花去了我大半年的积蓄。张老三临走时又补了一句，您放心吧，下个星期我就可以给您带回来。

　　周一的早上，我向同事说起了此事，他们听后都埋怨我说，你太老实了，怎么能先把钱给他呢？他一个走村串户的货郎，要是拿着钱跑了，你上哪儿去找他呀！我解释说，让别人带东西，怎么好意思让人家垫钱呢？再说看他人挺忠厚的，又经常在这一带出没，应该不至于如此吧。同事叹息说，人心隔肚皮，还是慎重些好。

　　同事的话不无道理，毕竟这不是一个小数目。我隐隐有些担心，说实在的，要是张老三从此不再来这儿卖东西，我还真找不着他，我根本不知道他住在什么地方，甚至连他的真实姓名也不知道。

　　一连几天，我都守在校门口等着张老三的到来，可是一个星期过去了，张老三的半个影子也没见着。我安慰自己，张老三不是那样的人，他可能是最近有事情忙不开，过一段时间就会来的。然而一个月过去了，还是不见张老三的踪影，看来真印证了同事说的话，我彻底失望了。

　　半年后，我因受不了山里的艰苦条件，当了逃兵，回到了自己的家乡，也渐渐将这件事情淡忘了。

多年后，我再次来到曾经支教的地方，这里早已成了旅游区，学校面目一新，不仅修了综合大楼，而且还来了许多年轻的大学生。这所学校的校长，正是我当年的一个同事，见到我时，他十分激动。一阵寒暄后，他突然像想起什么似的，随即从家里取来一部收音机递给我说："这是当初你让张老三带的，后来是他儿子送来的，我一直替你保存着。"

原来，张老三那次回去后，就一病不起，在家里熬了大半年，但最终还是离开了。临死前，他一再叮嘱他的儿子，一定要将这部收音机给我送来。他还说，**一个人最重要的就是诚信，答应了别人的事，一定不能食言。**

拿着那部如今只能算做"文物"的收音机，我心里久久不能平静。

澳大利亚的苍蝇

　　一提到苍蝇，人们自然就会产生一种厌恶感。当然了，因为苍蝇终日在变质的食物、垃圾堆和臭水沟上面爬来爬去，人们一不小心就会被传染上疾病，因此大家见着苍蝇要么厌烦地躲开，要么狠狠地将它拍死。

　　然而在澳大利亚，苍蝇却是人们喜欢的小动物，并被印制到了50元面值的钱币上，受到与伟人同等的尊崇。也许有人觉得这太不可思议，难道是澳大利亚人的某根神经出现了问题？或是他们想拿这种肮脏的动物来提高自己的抗病能力？答案当然不是，在澳大利亚苍蝇不但不会传播疾病，而且还是一种对人类有益的昆虫，其作用跟蜜蜂差不多。

　　是什么原因致使生来就喜欢肮脏和恶臭的苍蝇改变了它们的生活习性，变得美丽、洁净、高贵的呢？原来是勤劳质朴的澳大利亚人民。

　　在很早以前，澳大利亚的苍蝇也像其他国家的苍蝇一样，喜欢生活在肮脏污秽的场所，并且苍蝇的数量多得惊人。为了避免苍蝇传播疾病，给人们带来灾难，每个澳大利亚人都自觉地行动了起来。他们首先从自身做起，养成良好的生活习惯，认真地搞好个人和家庭的卫生，接着他们又不遗余力地将公共场所藏污纳垢的地方一个一个地清除。最后在整个澳大利亚，除了湛蓝的天空，悠悠的白云，遍地的鲜花，再也找不到一个可以让苍蝇寄生的地方。

苍蝇失去了赖以生存的沃土后，它们被迫改变原有的生活方式，靠吸食植物的浆汁生活。随后，澳大利亚的苍蝇索性学起了蜜蜂，以采食花蜜为生，并一代代地传袭下去，最后澳大利亚的苍蝇彻底改变了以往的生活习性，成了受澳大利亚人尊敬的朋友。

这个故事给了我们许多的启示。比如，**在生活和工作中，当我们遭受到别人的非议和排斥时，最好别迁怒和报复他人，不妨学学澳大利亚人，一遍又一遍地反思自己的行为，看看自己哪些地方做得不够好，哪些地方需要改进和完善，哪些言语和行动伤害了他人。**这样我们把自己身上的污垢一个一个地去掉了，别人还能说什么呢？兴许先前对你指手画脚的人还会成为你的朋友，成为你合作的伙伴，将你推至事业的巅峰。

其实，许多东西都可以改变，敌人可以成为朋友，逆境可以化为顺境，丑陋可以裂变为美丽，肮脏可以转化为洁净，低贱可以升华为高贵……苍蝇都可以改变，我们还有什么不可以改变的呢？

把工作当成自己的事业

前不久一位朋友向我诉苦，说他的工作太辛苦，收入太低，干起来没有丝毫的热情和快乐。他问我如何才能改变这种现状，找到一份自己满意的工作。我略加思索后对朋友说，办法其实很简单，就是把工作当成自己的事业。

曾读过这样一个故事：在一个小镇上，一位路人问三个石匠在做什么。第一个石匠无可奈何地叹息说："我每天都枯燥无味地搬石头砌墙。"第二个石匠神色凝重地说："我的工作很重要，我得把墙垒好，这样房子才结实牢固，住起来才舒适安全。"第三个石匠则目光炯炯，自豪地说："我的责任十分重大，这是镇上的第一所教堂，我要将它建成百年的标志。"十年后，第一个石匠仍在另一个工地上砌墙；第二个石匠却坐在办公室里画着图纸，他成了工程师；第三个石匠则穿梭于全国各大城市，他成了国内有名的建筑商。

世界首富、微软创始人比尔·盖茨先生说："如果只把工作当作一件差事，或者只将目光停留在工作本身，那么即使是从事你最喜欢的工作，你依然无法持久地保持对工作的激情。但如果把工作当作一项事业来看待，情况就会完全不同。"华人首富李嘉诚先生说："无论未来从事何种工作，一定要全力以赴、一丝不苟。能做到这一点，就不会为自己的前途操心。"新华都实业集团总裁唐骏说："始终将工作当成自己的事业来做，才会取得骄人的业绩。"台湾经营之神、台塑集团创始人、台湾首富王永庆先生说："一个人把工作当成是职业，他会全力应付；一个人把工作当成是事业，他会全力以赴。"

　　生活中，我们常常听到有人抱怨自己的工作太简单，太平凡，太没有前途，终日愤愤不平，得过且过。殊不知"一屋不扫，何以扫天下"，一个人连最简单的事情都干不好，又如何能做出惊天动地的大事呢？正如海尔集团公司总裁张瑞敏说："把简单的事做好就是不简单，把平凡的事做好就是不平凡。"**只要我们全身心地做好手边的每一件事，即便是在最平凡的岗位上，也会干出卓越的成就。**

　　如果把工作当成一种谋生的手段，甚至看不起自己的工作，就会感到艰辛，枯燥，乏味。久而久之就会失去工作的激情和开拓进取的创意，就会变得越来越没有理想，变得牢骚满腹，变得痛苦疲惫。最后平平庸庸，一无所获，没有一样值得自己骄傲的东西。

　　如果一个人将工作当成自己的事业，就会因此而迸发出无尽的热情与活力，自己的潜能也会得到最大程度的发挥。在自己不懈的努力下，业绩不断攀升，每一次小小的进步，都会收获不小的成就感。继而信心越来越足，不断超越自我，追求完美，又会取得更大的突破，自己的职业幸福感也随之提升。这时工作对自己来说不是一种苦闷，而是一种快乐。

　　有人说：态度决定一切。看来一个人能否有所作为，关键取决于自己对工作的心态。

感悟生命的真谛

春花凋落，有再绽之时；树叶黄了，有再绿之时；太阳落山，有再升之时。然而，人的生命只有一次，不再重来。我们感叹时光匆匆，岁月无痕，青春易逝，人生易老。多少人想挽住时间的巨轮永葆青春，但又有谁能真正做到不老呢？空留一腔无奈，化作惆怅，在寂寥的午夜星空下独自忧伤。

处在不同年龄阶段的人，对生命有着不同的认识和理解。人年轻的时候，生命总在灯红酒绿中挥霍，在各种各样的诱惑中迷失，在浑浑噩噩、碌碌无为中随风而逝。我们天真地认为生命无穷无尽，死亡离我们遥远无比。那时，时间充足，精力充沛，思维活跃，记忆力强，但我们却什么也没做；当我们步入中年时，蓦然回首，才惶恐地发现自己的青春不在，韶华一去不复返，昔日穿着开裆裤的小孩，如今已长大成人，一天天变老。此刻，我们才真正理解了"光阴似箭，日月如梭"的内涵；当我们步入老年时，再回过头看看自己走过的路，竟发现没有一样值得自己骄傲的东西，更无只言片语留予后人，留予后世。于是痛苦地陷入"少壮不努力，老大徒伤悲"的境地。

从我们呱呱坠地的那天开始，上天就赋予了我们生命，但也注定了我们只是生命中的一个匆匆过客。时间就像一把利刃直插我们的心脏，每翻去一张日历，死亡之神就会近一步。当身边的亲人一个个离我们而去时，我们才真正体会到生命的短暂。

在当今社会，疾病、天灾、意外事故、战争，还有恐怖杀戮，随时都可能在你毫无防备的时候悄悄向你袭来，置你于死地，让我们感到生命是那么的脆弱而又无常。然而，**尽管我们无法预测生命，但我们能把握生命，自主掌控活着的每一天，去做自己想做的事，去实现自己该实现的梦想。不求得到别人的欣赏，但求做一枝孤芳自赏的腊梅，散发出一丁点儿的幽香，告诉这个世界自己曾在这里踏足过，爱过，恨过，此生没有白活。**

如何在有限的生命里，释放出自己无限的光彩呢？这也许正如雨果所说："谁虚度年华，青春就会褪色，生命就会抛弃他们。"生命存在的意义不是以时间的长短而论，如果庸庸碌碌虚度一生，即使活一百年，那又有什么意义呢？生命的意义在于奉献，在于不息的奋斗，唯有奉献和不息的奋斗才会为青春增色，为生命添彩。雷锋年仅二十二岁就丧失了自己宝贵的生命，但他却在平凡的岗位上谱写了光辉灿烂的人生，多少年过去了，他的伟大事迹，他的精神还依然存留在人们的心里。

让我们珍惜生命，善待生命，快乐而自由地生活，不因虚度年华而悔恨，不因碌碌无为而羞耻。

居里夫人的两把椅子

　　1895 年 7 月 26 日，二十八岁的玛丽·斯可罗多夫斯卡（后来，人们习惯称她为居里夫人）与皮埃尔·居里在巴黎郊区梭镇结为夫妻。他们的婚礼十分简单，并不像人们想象的那般隆重，没有高雅的乐队，没有繁杂的仪式，除了几位至亲好友的祝福，没有什么值得别人羡慕的。他们的新房也不像人们想象的那般豪华，房子是一座坐落在渔村的农舍，家中除了一张普通的床，一张普通的桌子，两把普通的椅子，再没有别的家具。

　　也许你会认为，居里夫人家太穷，买不起家具，或认为居里夫人过于节俭，舍不得花钱。其实不然，在结婚前，皮埃尔的父亲就打算送一套高档的家具，作为他们结婚的礼物，但被居里夫人婉言谢绝了。对此，皮埃尔很不理解，他觉得家中只有两把椅子实在太少，想要再添置些，以免家里来了客人没地方坐。居里夫人劝阻他说："亲爱的皮埃尔，椅子多点是会带来方便，但是，客人坐下来后就不走了，我们要花费许多无谓的时间来应酬。与其这样，还不如两把椅子好，你一张，我一张，没有外人打扰，我们可以一心一意地做实验，搞研究，你不觉得这挺好吗？"

听了居里夫人的诉说，皮埃尔方才明白妻子的一番良苦用心。于是，他遵从了居里夫人的意见，没有再增添一把椅子。果然，当人们来到居里夫人家后，见家中连一把坐的椅子也没有，只得匆匆忙忙地离开。因为他们实在不愿意自己坐着，而让居里夫妇站着，也不愿意自己一直站着，以俯视的方式跟居里夫妇讲话，这都会让他们很不自在。

少了俗事的纷扰，居里夫人得以全身心地工作，她将自己大部分的时间和精力都投入到了科学研究中。功夫不负有心人，居里夫人在事业上取得了巨大的成功，先后获得诺贝尔物理奖和诺贝尔化学奖，成为科学界的神话。居里夫人能取得这样辉煌的成就，可以说那两把椅子功不可没。

在巨大的荣誉和金钱面前，居里夫人表现得十分淡定，就像她当初只要两把椅子一样，为了避免记者的纠缠，居里夫人不得不乔装打扮，躲到乡下居住，因为她需要安静，需要继续工作。尽管如此，还是有个别的记者找到了她，无可奈何的居里夫人只好严肃地告诫记者说："在科学上，我们应该注意事，而不应该注意人。"对于金钱，居里夫人同样视若粪土，她毫不犹豫地放弃了镭的专利申请，并把千辛万苦提炼出来的、价值高达 100 万金法郎以上的镭，无偿地赠送给了研究治癌的实验室。如果说居里夫人申请了镭的专利权，她所拥有的财富也许不会亚于今天的比尔·盖茨。但居里夫人没有这样做，而是第一时间将这一伟大成果毫无保留地公之于世。居里夫人说："**荣誉就像玩具，只能玩玩而已，绝不能看得太重，否则就将一事无成。**"她搞研究不是为了荣誉和名利，而是为了全人类的进步。

　　皮埃尔因车祸去世后，他坐过的那把椅子，就成了居里夫人永恒的怀念。看到那把椅子，就想起了与皮埃尔工作和生活的点点滴滴。居里夫人将自己的一生奉献给了科学事业，而那两把椅子也陪伴着她终其一生。

理想与现实

在很久以前，有两个年轻人去远方追寻自己的理想，不幸的是他们中途遇到了强盗，不仅身上的钱粮被打劫一空，而且还在逃亡的过程中迷失了方向。他们走了两天两夜也没有走出去。这儿前不着村、后不着店，荒无一人，他们滴水未进，饿得奄奄一息。

就在这时，上天派了一位慈善的长者来帮助他们。长者将一根钓鱼竿和一篓鲜活的鱼放在地上让他们选择。两个年轻人欣喜过望，有了其中任何一样东西，他们就可以活下来。可是选择什么好呢？经过一番深思熟虑后，其中一个年轻人选择了鱼竿，他的理由是，有了鱼竿，可以钓到更多的鱼，就不用担心以后的日子了。而另一个年轻人选择了鱼，他的理由是，现在饿得前胸贴后背，最要紧的是保住性命，其他的事等以后再说。

就这样，两个年轻人分别拥有了鱼竿和鱼。选择鱼的年轻人用嘲笑的眼神望着选择鱼竿的年轻人，心想，真是个傻帽，在这里鱼竿有何用？而选择鱼竿的年轻人用鄙夷的目光看了一眼选择鱼的那个年轻人，心想，燕雀安知鸿鹄之志哉？咱们走着瞧吧！

两人分道扬镳后，拥有鱼的年轻人就地生起了一堆火，将鱼穿在一根木棍上烤熟。他美美地饱餐了一顿，惬意地睡了一个大觉。然而，好景不长，他拥有的鱼很快就吃光了，可前方的路依然茫茫无边。短暂的欢愉换来的是无尽的痛苦，年轻人最终没能走出困境，饿死在了鱼篓边。临死前他十分后悔，心想，当初为什么我不选择鱼竿呢？有了鱼竿何愁没鱼，何愁没有出路。带着无限的眷恋，他不甘心地闭上了双眼。

拥有鱼竿的年轻人心中有了信念，他忍受着一阵阵饥饿的侵袭，日夜兼程，艰难地向前行走着。他想，有了鱼竿，只要找到一条小河，或一个池塘，他就有希望了，所有失去的东西都会在不久的将来找回，他会拥有别人拥有的一切。然而，这位年轻人的运气实在太差了，当他好不容易看到大海时，却耗尽了全部的精力，没有一丁点儿的力气垂钓，最后他饿死在了海滩上。临死前，他非常后悔，心想，如果当初自己选择鱼，就不会有今天的下场了。带着无限的眷恋，他也不甘心地闭上了双眼。

两个年轻人的结局令人扼腕叹息。如果选择鱼竿的那个年轻人与选择鱼的那个年轻人能走在一起，先利用现有的鱼，渡过眼前的难关，然后来到大海边，再利用鱼竿一同打拼，那样他们不但都能活下来，而且还可以过上幸福的生活，可遗憾的是他们选择了各奔东西。

生活中，有理想的人很多，然而真正成功的人却很少，这是什

么原因呢？排除其他因素不说，单就理想而言，有的人好高骛远，不切实际；有的人目光短浅，只看到了眼前的利益；有的人畏首畏尾，中途退却；有的人满腔壮志，却从不付诸行动；有的人贪得无厌，作茧自缚；有的人德才兼备，但南辕北辙……而只有那些将理想与现实很好地结合起来，一切从实际出发，一切从所处的环境出发，一切从自身的能力出发的人，最终才能走向成功。

第四辑

奋斗让梦想开花

只要你有独到的目光，有足够的信心和勇气，

即便是别人眼中的垃圾，你也能变废为宝，

让它发出璀璨夺目的光芒。

破烂点亮人生

曾经他与城市里众多拾荒者一样，每天戴着一个破草帽，提着一个蛇皮口袋，早出晚归，走街串巷，专门捡拾别人丢弃的饮料瓶。一天下来，累得精疲力竭，而赚来的钱却只能维持一家人的温饱，这样的日子让人很不是滋味。当然，他也想过做点别的事情，让家人过上比较体面的生活，可是他一没文化，二没技术，除了捡破烂，又能干什么呢？

那天，他和往常一样来到大街上，四处搜寻着目标。他的运气相当不错，除收获了不少矿泉水瓶外，还捡到几个易拉罐。他心想，这么漂亮的罐子，一定能卖个好价钱吧，谁知到废品收购站一问，才几分钱一个。顿时，他感到十分沮丧，怎么也想不通，质量和外观如此好的罐子，竟然只值这儿点钱！他有些舍不得，也有些不甘心，于是，回到家里，他将其中一个易拉罐剪成碎片，然后熔化成一块指甲大小的银灰色金属。尽管这种金属看上去还不错，但他不知道是铁的还是铝的，也不清楚值不值钱。

为了弄清易拉罐到底是用什么材质制成的，他将那一小块金属送到了检验中心进行化验。出乎意料的是，这种金属竟是一种贵重的镁铝合金，市场价格大约在每吨 1.4 万元至 1.8 万元之间。

　　尽管这次检验花去了他 600 多块钱，相当于半个月的收入，但他依然十分高兴。在回来的路上，他心里默默地盘算着，一个空易拉罐大约重 18.5 克，一吨大约有 5.4 万个，如果直接拿去卖，只能卖两千多元钱，而熔化后却能卖到一万四千元左右，两者的价格相差六七倍。既然如此，何不将收来的易拉罐熔成金属，然后再拿到市场上去卖呢？这样一个易拉罐就能赚好几角。

　　瞄准商机后，他说干就干，立刻去银行贷了一笔款，建了一个专门熔炼易拉罐的金属加工厂。为了收购到足够多的易拉罐，他不仅与之前那些同行签订了长期的合作协议，还将价格提高了近两倍。大家见有利可图，纷纷把货送到他那儿来。不到一年的时间，他的工厂就生产出了两百多吨铝锭，利润高达几十万元，不但还清了贷款，还盈余不少。

　　就这样，他只用了短短三年时间，就从一个普通的拾荒者华丽地转身为一个身家数百万的企业老板。他就是有着"破烂王"之称的王洪怀，凭借独到的眼光和营销智慧，王洪怀实现了别人想也不敢想的财富梦想。

　　原来，有一种成功叫作另辟蹊径，面对一个普通的易拉罐，有人看到的只是生活的无奈，只是几分钱的利润，而有的人却能从中觉察到财富的影子，并将它紧紧地抓住。王洪怀的成功告诉我们，商机无处不在，奇迹无处不在，只要你善于观察，善于发现，敢于尝试，敢于走别人没有走过的路，即便给你一块贫瘠的土地，你也能让它开满鲜花。

"捡"来的世界首富

卡洛斯·斯利姆·埃卢是墨西哥的电信大王，2010 年首次登顶全球首富，2011 年蝉联福布斯全球富豪榜榜首，其财富超过了4100 亿元，打破了微软巨无霸比尔·盖茨创造的神话。然而，谁也想不到，卡洛斯的这个世界首富竟是"捡"来的。

卡洛斯被人们戏称为"总喜欢捡便宜"的人，他一生曾"捡"过无数个别人放弃的破公司，并将这些公司打造为赚钱的机器，迅速实现了自己的财富梦想。

1982 年，墨西哥遭遇了严重的经济危机，国家陷入了债务泥潭，国内货币大幅度贬值，公司价值也达到了历史最低点。为了防止经济危机进一步恶化，墨西哥政府出台了一系列紧缩政策，其中包括银行国有化。一些外国投资者听闻，纷纷撤走资金，致使墨西哥不少中小型企业濒临倒闭，这些企业为了保住仅有的一点儿血本，争先恐后地以低价抛售。

当时，业界大亨都不太看好墨西哥的发展前景，皆保持观望的态度。在这样的背景下，卡洛斯却反其道而行之，开始多方面筹集资金，大量收购"便宜货"。卡洛斯的行为立即遭到了家族中大部分成员的强烈反对，他们认为，这些经营不下去的企业根本就是垃圾，捡来也无用，只会成为公司的拖累。而卡洛斯却并不这么认为，他曾有过一段教书的经历，班上一些看似成绩不很理想的学生，只要有耐心，管理得当，引导得当，方法得当，还是能够培养成有用的人才。经营企业也是如此，别人卖不掉的东西，并不一定代表产品有问题，也可能是其他方面的问题。通常人们会错误地认为一些经营惨淡的公司，最终会被市场所淘汰，但事实上，这些公司仍有很大的潜力，只要能找到新的出路，它们就会焕发出"第二春"，从而保持巨大的增长。如今，在经济危机的困扰下，许多公司急于脱手，低格低廉，正是收购它们的大好时机，只要危机一过去，就会得到丰厚的回报。

最后，卡洛斯说服了反对他的家族成员，以超低的价格接管了多家烟草企业和餐饮连锁公司。事实证明，卡洛斯的看法是正确的，没过几年，他就凭着自己独到的管理和经营方式，使这些濒临倒闭的企业扭亏为盈，市值翻了近300倍，实现了原始资本的快速积累。

当然，决定卡洛斯成为世界首富的一次"捡漏"，是在20世纪90年代。那时，墨西哥正处于国有企业私有化的浪潮中，政府为了减少亏空，不得不将一些经营不下去的企业转卖私人，以此甩掉包袱。对于这些国家抛弃的企业，人们大多不屑一顾，然而卡洛斯却从中听到了财富的声音，他以 17 亿美元的价格，从政府手中买下了墨西哥电话公司，并投资 100 亿美元用来更新设备。就这样，他再一次化腐朽为神奇，成功地将负债国企打造成了"摇钱树"。随后，卡洛斯采用相似的手段，从电信业扩展到了制造业、房地产业、金融业等众多领域，逐渐打造出了属于自己的商业帝国。

卡洛斯的成功经历告诉我们，只要你有独到的目光，有足够的信心和勇气，即便是别人眼中的垃圾，你也能变废为宝，让它发出璀璨夺目的光芒。

比别人多看一步

　　他出生于黎巴嫩南部一个普通的农民家庭，高中毕业后顺利地考入了贝鲁特大学，这本来是他跳出"农门"的最好机会，然而遗憾的是，由于家庭遭逢变故，无力支付高昂的学费，他不得不在念完大一后哀伤地离开了学校，从此开始了他的创业之路。

　　退学回家没多久，他听说沙特阿拉伯遍地是"黄金"，随便弯一弯腰就能挣到大把的钞票，于是抱着试一试的态度，他跟着那些"淘金"者一起来到了沙特阿拉伯。事实上，沙特并非人们传说的天堂，除了一望无际的沙漠，他没有发现有什么特别的地方。在沙特居住的六年中，他先后换了好几份工作，在学校当过数学教员，在企业当过会计，在公司当过经理……但这些工作都不是他所向往的，他的理想是做一名企业家，帮助黎巴嫩人民摆脱贫困和饥饿。那段时间，他天天想着如何创业，如何改善自己的生存环境。可是，要想白手起家，这谈何容易，必须得找到一个合适的项目。

　　20 世纪 60 年代，随着工业和汽车业的快速发展，中东地区的石油紧俏起来，那毫不起眼的沙漠变成了名副其实的黄金。沙特号称"石油王国"，其石油的蕴藏量和生产量居世界第一，不少人都看到了这块肥肉，纷纷涌入沙特，投入石油化工产业。一时间，石油造就了无数的富豪，就连当地的老百姓也因为石油变得特别富裕。面对石油带来的滚滚财富，不少人红了眼，碰破头也想挤进去。

就在人们为石油而疯狂时，他却看到了另一个商机——建筑业。政府有了钱后，首先会干什么呢？当然是扩大城市建设和公共交通建设；老百姓有了钱后，首先会干什么呢？当然是建房或买房。毫无疑问，建筑业将成为继石油化工业后的第二大产业，而当时投资者的眼睛都紧紧地盯着石油，很少有人注意到建筑业的前景。他立刻意识到这是一个千载难逢的机会，必须马上行动起来，一旦错过了，就会被别人捷足先登。

随后，他毅然辞去了收入还算不错的工作，只身投入到建筑行业，并成立了自己的公司——西库尼斯特建筑公司。起初，因为资金不够雄厚，他只好挂靠在法国奥吉公司的旗下，勉强维持着公司的运转。1977 年，他终于迎来了人生的转折，沙特国王哈立德·伊本·阿卜杜勒·阿齐兹要在度假胜地塔伊夫修建一座宫殿，作为伊斯兰首脑会议的会场，由于工期和工价问题，许多建筑商都不愿接这个活。而让人大跌眼镜的是，他却主动揽了下来。六个月后，他圆满地完成了任务，无论是房屋的构造还是质量，都让人无可挑剔。虽然这单生意没让他赚到多少钱，但却给他的公司打了一个活广告，更重要的是，因为这个工程他结识了当时的王储法赫德（后来的国王），并取得了他的信任和赏识，为后来在沙特的发展铺平了道路。

　　果然，一切如他所料想的那样，短短几年时间，他就声名鹊起，成了远近闻名的建筑大亨，生意从沙特延伸到了英、美等国家和地区，先后成立了奥吉国际公司、团结公司、地中海投资者集团等多家上市公司，拥有个人净资产至少 100 亿美元。

　　他就是阿拉伯著名的金融家、实业家，黎巴嫩的前总理萨阿德·哈里里，从一个一穷二白的打工仔到跻身于全球富豪榜之列，哈里里只用了十几年的时间。在哈里里的一生中，无论是经商还是从政，他始终坚持比别人多看一步，事事走在别人的前头。

决定改变人生

　　1952 年，霍华德·舒尔茨出生于美国纽约市布鲁克林区一个贫困的家庭，父母都是普通的劳动者，每日风里来雨里去，但生活却入不敷出，日子过得十分艰难。有一天晚上，舒尔茨躺在床上无法入睡，他有一个奇怪的想法，要是自己有一根改变命运的魔法棒该多好啊！那样就不用再住在狭窄拥挤的廉租房内了。这种幼稚可笑的想法只持续了几秒钟，因为他知道世界上根本就没有这样的魔法棒，要想改变命运，只能依靠自己。

　　就在那天晚上，他毅然做出了一个决定，他要走出布鲁克林，要让家人过上幸福的生活。为了实现这个梦想，他拼命地学习，终于如愿以偿地考上了密歇根大学。大学毕业后，他进了一家家庭用品公司，从事推销工作。由于舒尔茨踏实勤奋，业绩突出，没过几年就被公司提拔为副总裁，拥有令人羡慕的地位和高薪。不久，舒尔茨就买了房子，娶了妻子，日子过得无比滋润。

　　然而，就在这个时候，舒尔茨却做出了一个惊人的决定，他要离开家庭用品公司，去星巴克连锁公司做一名职员，原因是那儿能够实现他的人生梦想。他的这个决定在家中引起了轩然大波，父母和妻子都极力反对，因为他们实在想不通舒尔茨为什么放着好好的副总裁不做，而去做一个低级的打工者，就算星巴克连锁公司有很好的发展前途，但那要冒多大的风险啊！长期被贫困折磨的父母好不容易过上几天舒心的日子，他们实在不想让儿子再折腾。

尽管如此，舒尔茨还是没有放弃自己的决定，他随即辞去了家庭用品公司的工作，找到了星巴克连锁公司的负责人巴登，并说服他雇用自己。舒尔茨向公司总裁及三位大股东阐述了自己的想法，他觉得公司的咖啡很有特色，完全可以做大，发展成为一个大企业。当时星巴克连锁公司只有四家分店，在全国比起来，只能算一个名不见经传的小公司。舒尔茨的胸怀和才能让公司的几位领导者十分欣赏，舒尔茨满以为他们会高兴地接纳自己，可令他意想不到的是，巴登第二天告诉他，公司决定不聘请他。虽然舒尔茨感到非常沮丧，但他不是一个轻言放弃的人。他再次找到巴登，详细地罗列了公司未来发展的计划，这一次，巴登没有拒绝他，而是问他什么时候能来公司上班。

在星巴克工作期间，舒尔茨学到了许多与咖啡相关的知识，这让他有了长足发展的决心。有一次，舒尔茨去意大利出差，无意中，他接触到了蒸馏咖啡，那时美国还没有专门的咖啡店，人们要喝咖啡，必须先从商店里购买烘焙好的咖啡，然后回家煮制或冲泡。舒尔茨想，为何星巴克不开设咖啡店，并论杯出售呢？那样能让喜欢咖啡的人更方便地喝到咖啡。

　　回到美国后，舒尔茨赶紧将自己的想法做成企划，递交给公司管理层。然而，对于这份具有建设性意义的企划，公司老总却无动于衷，认为根本没有什么价值，直接一票否决了。一气之下，舒尔茨离开了星巴克，决定自主创业。

　　经过一段时间的准备，舒尔茨在西雅图开设了第一家咖啡店，一切如他所料想的那样，咖啡店的生意异常火爆，几乎每天都有上千位客人，其利润远远超过了咖啡零售。很快，舒尔茨就开设了第二家分店、第三家分店。

　　1987 年，星巴克由于经营不善，急需转手，舒尔茨毫不犹豫地接了下来，并按照预定的目标前进。五年后，星巴克在美国成功上市，但这并不是舒尔茨的终极目标，他要在全球构筑一个咖啡帝国。随后，舒尔茨开始疯狂地扩张，几年时间，星巴克在全球就有了一千五百多家分店，舒尔茨成了美国可圈可点的著名企业家，拥有数十亿美元的资产。

　　舒尔茨的成功经历告诉我们，**人生处处充满机会，我们一定要善于把握，做出一个正确的决定，并勇敢地坚持下去，那样你的人生就会随之而改变。**

用耳朵聆听财富的声音

他非常不幸，一生下来就患有先天性白内障。大家都知道，得这种病就意味着要一辈子生活在黑暗之中，这是一个多么残酷的现实啊！因为看不见任何东西，他常常碰得鼻青脸肿，摔得头破血流。这些都还不算什么，更让他难以忍受的是，别的小伙伴都不愿与他玩耍，还叫他小瞎子。对此，他伤心不已，曾抱怨过，愤恨过，可是一切无济于事，他依然还是原来的自己。

9 岁那年，他被父母送进了盲人学校，在那里，他结识了许多跟自己一样的同龄人。这时他才发现，命运并非只针对他一个人，在这个世界上，还有许许多多不幸的人，原来自己并不孤独。慢慢地，他的心态变得平和了，性格一天天乐观起来，学习也特别努力。

不知不觉，初中生活业已结束，他不得不面临未来的抉择。对于盲人来说，通常有三条路可走，一是摸骨算命，二是唱歌弹琴，三是为人按摩。算命属于坑蒙拐骗的行当，他自然不屑一顾；而唱歌和弹琴，往往需要天赋和悟性，可他没有这方面的特长，也觉得不适合自己。因此，最终他选择了按摩，希望用双手和智慧养活自己与家人。

　　中专毕业后，为了给家里减轻一些经济负担，他毅然放弃了去长春大学学习的机会，决心自主创业，实现心中的梦想。可他一个又穷又瞎的人能干什么呢？思来想去，他还是决定做自己熟悉的本行——按摩。说干就干，他立即回家说服父母，向他们借了一万块钱，租了一间门面，买了两张床，开了一家盲人按摩诊所。虽然他信心满满，但事情并不像他想象那般顺利，开业半个月，他一单生意也没接到。要是照这样继续发展下去，用不了两个月他就得关门大吉，怎么办呢？他一次又一次地问自己。

　　经过一番理性的思考，他觉得不是店面的位置有问题，也不是自己的技术有问题，而关键在于，人们对新开的店普遍心存疑虑，不愿跨进门来。不吃葡萄，怎么知道葡萄是甜是酸呢？要想生意好起来，首先就得吸引住客人。于是，他打出了"免费体验按摩一周"的牌子。这招果然有效，第二天就来了不少客人，尽管他们都是冲着"免费"二字而来，但他仍然十分高兴，热情地招呼着每一位客人，认真地做好手里的每一样活，使每一位客人都感到满意。凭着过硬的本领，真诚周到的服务，大家都被他感动了，纷纷答应给他介绍一些客人。渐渐地，他的生意好了起来，来他诊所按摩的人越来越多，他的名气也越来越大，许多外国游客都指名道姓要他按摩。

　　首战告捷后，他开始大刀阔斧地干起来，先后在全国各地开设了数十家分店，不但解决了盲人的就业问题，还给他带来了滚滚的财富。随后，他又从按摩业转入了互联网，创立了北京保益互动科技有限公司，开发和设计了盲人电脑软件、语音手机软件、盲人版手机 QQ、盲人财务管理软件等。他的这一系列举措，彻底改变了盲人的世界和生活，也改变了自己的人生。

　　他就是盲人企业家、盲人电脑一级教师曹军，虽然他看不见任何东西，但凭借着一双耳朵，他聆听到了财富的声音，打开了成功的大门。曹军的故事告诉我们，**不要为自己某方面的缺陷而悲观失望，放弃对理想的追求。成功其实并不难，只要充分运用好自身的优势，即便你是一个不太完美的人，也同样可以开创一番辉煌的事业。**

吃苦是积攒资本

　　他出生在俄罗斯伏尔加河畔萨拉托夫的一个贫困家庭，父亲是一名建筑工人，每日早出晚归，辛勤工作，但收入仅够一家人维持温饱；母亲没有正式的工作，主要在家照顾孩子和打理家务。

　　在他一岁那年，母亲怀上了第二个孩子，这本来是一件天大的喜事，可是由于家境贫寒，无力再养一个孩子，母亲不得不走上手术台，决定流掉那个来得不是时候的孩子。也许是命运的捉弄，他的母亲因大出血死在了医院里，而第二天正好是他一周岁的生日。更不幸的是，在他三岁那年，父亲又因为一次意外，被突然下落的起重机手臂砸成重伤，经抢救无效而死亡。从此以后，他成了一个没有父母疼爱的孤儿。

　　父亲去世后，他一直跟着叔父一起生活，虽然叔父对他还算不错，但他还是隐隐有一种寄人篱下的感觉。他常常需要做许多的活，却得不到与弟弟妹妹相同的待遇。为此，他抱怨过，愤恨过，但这一切无济于事，他离不开叔父，离不开这个家。为了生活，他学会了各种活计，学会了察言观色，学会了与人搞好关系，学会了忍耐，学会了自力更生。他明白，要想将来过上好日子，唯一的方法就是使自己变得强大，能够应对各种各样的难题。

　　童年的不幸没有将他打垮，相反他从中获得了宝贵的人生经验，他变得越来越勇敢，越来越坚强，越来越理性，越来越精明，而这些都为他后来的成功打下了坚实的基础。

　　高中毕业后，他毅然离开了叔父，选择了从军。两年的军旅生活，更是铸就了他钢铁般的意志，练就了一副豪爽、执着而又有些冷酷的奇特性格。20 世纪 90 年代初，俄罗斯社会发生了巨大的变革，26 岁的他意识到这是一次绝好的机会，于是他果断地放弃了学业，开始走向商业之路，从莫斯科一间阴暗平房内销售塑料玩具鸭做起，倒腾过香烟和香水，后来又转向了石油供应。其间，虽然遭遇过挫折与失败，但他凭着坚韧不拔的毅力，敏锐的洞察力，睿智的头脑，最终一步步地走向了成功，并构筑了自己的商业帝国：拥有西伯利亚石油公司 80% 的股份，世界上第二大铝生产厂俄罗斯铝业公司（Rusal）50% 的股份，俄罗斯国家航空公司"俄罗斯民用航空（Aeroflot）"26% 的股份，一支被数亿美元烘托的英超联赛劲旅切尔西队，一架波音 767 私人专机，一艘长 355 英尺的世界第四大豪华游艇……

　　他就是俄罗斯首富罗曼·阿布拉莫维奇，2008 年，他以超过 250 亿美元的资产，跃居世界富豪榜第 15 位。从一穷二白到富甲一方，阿布拉莫维奇只用了短短十几年的时间，他的传奇经历告诉人们，世上没有白吃的苦，过去吃苦，就是为现在积攒资本，现在吃苦，就是为将来积攒资本，当你吃的苦达到一定程度后，它就会化作幸福的源泉，令你收获辉煌的人生。

从家庭主妇到家政女皇

　　她出生于美国新泽西州一个贫困的波兰移民家庭，父亲是一名药品推销员，母亲是一名教师。在六个兄弟姐妹中，她排行老二，算是家中的主心骨。由于收入低下，他们一家八口居住在一套三居室的公寓里，空间非常狭窄，而她不得不一直与妹妹挤在一张床上。

　　都说穷人家的孩子早懂事，很小她就知道了自力更生，自觉照顾弟弟妹妹，帮父母减轻家庭负担。闲暇之余，她一边刻苦读书，一边跟父亲学习栽种花草树木、跟母亲学习烹饪和缝纫。大学毕业后，她嫁给了一个律师，开始了平凡的生活。起初，她在证券交易所找了一份工作，专门为客户买卖证券，从中提取佣金。这份工作的收入还不错，基本能够维持整个家庭的开销，她决心好好干下去，争取做出些成绩。然而，世事难料，1971年，随着美国经济的下滑，股市走向低迷，眼见客户越来越少，她不得不回到家中，做起了全职太太，一心一意地经营起自己的小家庭。

　　她是一个苛求完美的人，即便在家中也是如此，她努力使自己做出来的饭菜鲜香、可口、有营养，努力把家布置得美观、温馨、舒适。在她的精心打造下，餐桌上的食物变得越来越丰盛，越来越精美，不仅色香味俱全，而且搭配合理，十分有利于健康；家里变得越来越干净，越来越整洁，不仅布局非常有特色，而且让人感到特别温暖、愉悦。每个来她家的人都赞不绝口，她成了一个人见人夸的好主妇。然而，她并不满足于这一点，也不甘心一辈子做一个家庭主妇。她一向不赞同男主外、女主内的观点，认为女人并不比男人差，男人可以在外面叱咤风云，女人也同样可以，于是她决定创业。

可是，自己干点什么好呢？软件行业有了比尔·盖茨，电脑行业有了史蒂夫·乔布斯，互联网行业有了钱伯斯和孙正义……似乎自己在大学里所学的专业都与这些赚钱的行业没有多大联系，难道注定了自己要一辈子平庸吗？那段时间，她冥思苦想，但仍然没有丝毫的头绪。就在她准备放弃自己的想法时，一个念头突然在脑海里闪过，人们的生活不光需要电脑、手机、电子产品，也需要吃饭、穿衣、睡觉，可以说一个人大约有一半的时间都待在家里，因此，高质量的家居生活同样重要，这其中蕴藏着巨大商机。

有了这个重大的发现和认识后，她把自己在烹调和家庭布置方面的经验总结起来，打算与其他人一起分享。1982年，她出版了第一本专业家居顾问指南《娱乐》，受到了很多读者的追捧和喜爱，一度成为畅销书，还引起了电视媒体的广泛关注，并与零售业帝国Kmart签订了利润丰厚的协作契约，行销她设计的一系列家庭产品，使她在极短的时间内成为美国、英国和澳大利亚家喻户晓的人物。随后，她又在 1991 年与时代华纳公司合作，出版了著名的家居顾问杂志《玛莎·斯图尔特生活》，创刊不久，杂志的固定读者就超过了 210 万人，给她带来了源源不断的财富。1999 年，以她名字命名的生活多媒体公司在纽约证券交易所成功上市，股票价值一路飙升，年收入竟达到了 3 亿美元，而她拥有公司 63% 以上的股份，成为名副其实的亿万富婆。

她就是被誉为"家政女皇"的玛莎·斯图尔特，玛莎·斯图尔特靠着提供各式家居美食及生活创意小点子，一手打造出横跨平面、电子及网络等媒体的家政王国，成为美国第二女富豪，拥有数十亿美元的资产，其名声甚至超过了美国第一夫人，曾一度被视为经典的美国圆梦。当记者问起玛莎·斯图尔特成功的秘诀时，她总是微笑着说，**不要轻易向命运低头，充分发挥自己的特长，将梦想进行到底。**

瞄准就开火

1976 年，她毕业于美国斯坦福大学文学系，主修的科目为中世纪历史和哲学。按理说，她应该去学校教书，或去搞学术研究，因为那才是她的专长。然而，让人出乎意料的是，她没有选择安逸舒适的生活，而是进了美国电信电话公司 AT & T，做了一名普通的推销员。她的家人和朋友十分不解，不明白她为什么放着好好的大学教授不做，而去做一个既辛苦又不体面的推销员。对此，她却有自己独到的看法，她认为，现在是一个信息化的时代，电信业有着长足的发展，前途不可估量。虽然做大学教授的生活比较稳定，没有什么压力，收入也比较高，但一生基本上从头就能看到尾，很难取得什么大的成就。最终，她不顾家人的反对、朋友的劝说，毅然去了 AT & T 公司工作。

一个搞学术的人去搞业务，这在外人看来，似乎有几分讽刺，甚至是天方夜谭。但事实上，她做到了，并且做得非常好。在 AT & T 公司工作期间，她的业绩一直很优秀，从公司职员做到了项目主管，又从项目主管做到了部门经理。

1996 年，朗讯公司从 AT & T 分离出来，需要一个担任全球服务供应部门的总裁，人员主要从 AT & T 公司的部门经理中挑选。当时，朗讯并不被人们看好，说白了，它就是 AT & T 公司的一个包袱，将之分离出去，就是甩掉包袱。这样一根"鸡肋"，谁愿意去啃呢？就在大家想找各种理由推辞时，事业正蒸蒸日上的她站了起来，主动提出去朗讯工作。人们都笑她傻，这样的差使躲还来不及，哪有争着去的道理。而她却不以为然，觉得这是一个绝好的机会，因为越烂的摊子越容易做出成绩。于是，在众人疑惑的目光中，她接任了朗讯公司全球服务供应部的总裁。后来，在她孜孜不倦的努力下，不仅使濒临倒闭的朗讯公司起死回生，还成为美国最成功的上市公司之一。从此，她声名鹊起，受到人们的广泛关注。

1999 年 7 月，惠普的首席执行官路·普莱特提前退休，董事会邀请她去接任该职。之前，惠普一直是男性当家，公司高层中几乎没有一个女性，更别说 CEO 了。不光她的性别引人注目，她的业务水平同样遭到了别人的质疑，因为她以前干的都是销售活，非技术活，而惠普素以高科技著称，一个不懂电脑的人接管惠普，这多少让人有些担心。然而，她却信心满满地说："因为我不懂电脑，所以惠普选择我。惠普公司内部懂电脑的管理人才够多了，却要舍近求远将目光投向外界，一定是要寻找不一样的人。"面对前有苹果和戴尔，后有 IBM 和康柏的尴尬局面，她没有退缩，而是大刀阔斧地对惠普进行了整体的转型调整，将发展方向定位在服务方面，她认为网络经济的精髓不是科技上的领先，而是提供最佳的服务。为此，她专门成立了互联网事业部，以电子商务为企业中心策略，整合全公司所有软硬件和服务。同时，她还以2亿美元的广告投入，打造了惠普的新风貌。就这样，在她一系列切实有效的举措下，仅仅用了一年多的时间，就扭转了惠普经济下滑的困境，股票一下子上涨了20%，净收入也增长了15%，一个季度就达到了120亿美元的营业额，这在业界引起了巨大的轰动，大家都被这位美貌而智慧的女子折服了。

她就是惠普公司总裁兼首席执行官卡莉·菲奥里纳，在《财富》500强公司的一次排名中，她以124亿美元的收入位居第13名，成为全球商界第一女强人。在谈及成功的经验时，菲奥里纳总是淡淡地说："在网络时代，机遇瞬息万变，转眼即逝，只要瞄准了，就要果断地开火，因为我们没有时间准备和等待。"

丁志忠：我有一个梦想

17 岁那年，他对父亲说，我要把晋江的鞋子卖到北京去。父亲听后，摸摸他的额头说，孩子，你没发烧吧？咱们在晋江卖得好好的，为什么要到北京去呀！他解释说，每天都有大批的外地商人拿着钱来买鞋，几乎什么鞋都能卖掉，我们为什么不主动把晋江的商品拿出去销售？那样会有更广阔的发展空间。

那时，他的父亲与人合办了一家鞋厂，虽然生意还不错，但由于规模小，效益并不怎么好。听了儿子的一番话，父亲觉得他很有做生意的头脑，于是拿出仅有的一万块钱，让他去北京闯一闯。父亲想，即便他不能赚钱，也可以历练历练，积累一些做生意的经验。就这样，年仅 17 岁的他，拿着父亲给他的一万元创业基金，在晋江的鞋厂挑选了 600 双最好的鞋，然后满怀憧憬地踏上了前往北京的路。

初到北京时，人生地不熟，加上他的年龄太小，许多人都不愿与他做生意，他的处境十分艰难。连续一个多月，在北京的各大商场，大家总会看到一个孩子般模样的毛头小子，手里提着晋江鞋，不厌其烦地向过往的人们解说推销。尽管他的鞋子质量很好，价格也很便宜，但却没有一家商场的柜台愿意接纳他。两个月过去了，他的鞋子一双也没有卖出去。这样的景况他做梦也没想到，沉重的打击几乎让他失去信心，幸好生性倔强的他有一股子不服输的劲，他始终不相信好东西会没人要。

接下来的日子，他开始与各大商场的负责人软磨硬泡，希望能租下一个柜台。功夫不负有心人，就在山穷水尽之时，他凭着自己的真诚、嘴甜和腿勤，终于打动了一家商场的负责人，答应让他试一试。在他的不断努力下，人们对晋江鞋渐渐有了兴趣，他带去的600双鞋子也很快被销售一空。

随后，他一边卖鞋，一边利用业余时间调查和学习。为了了解市场的需求，找出与别人的差距，他常常跑到北京各个商场的运动鞋柜台，细心地观察一些知名品牌鞋的款式和性能，跑到大街上留意来来往往的行人的脚，心里暗自琢磨，要生产出怎样的鞋才会受到人们的青睐呢？

在北京他一待就是四年。在这四年中，他摸爬滚打，掌握了大量的市场信息和丰富的营销经验，他让北京所有的商场都摆上了晋江鞋，包括最权威也是最艰难的销售通道——北京王府井商场。尽管如此，他却没有丝毫的成就感，因为他发现质量上乘的晋江鞋竟比同类鞋子的价格低了许多，而且销售量也远不及它们，究其原因，晋江鞋没有名气。

望着市场上那些像耐克和阿迪达斯的外国品牌鞋，他的心里迅速萌生了一个念头，他要创立一家属于中国自己的运动品牌鞋。带着这个梦想，他离开了北京，回到了老家晋江，于 1991 年创建了安踏。

风风雨雨二十余载，其间他无论做什么事，始终奉行父亲教导他的原则，**把 51% 的好处让给别人，自己只要 49%**。这一经营理念，使得安踏迅速壮大，成为深受人们喜爱的中国运动鞋第一品牌，总资产超过 10 亿元，在全国建立了几千个专营网点，并从最初的生产单一运动鞋，发展成集运动鞋、运动服装、帽袜、箱包等于一体的体育用品专卖店。

他就是安踏集团总裁、财富位列福布斯富豪榜 273 名的丁志忠，他一直有一个梦想，就是不做中国的耐克，要做中国的安踏、世界的安踏，正是因为有了这个梦想，他才成了"第一个吃螃蟹的人"。如今安踏已成为中国最驰名的商标，在国内整个体育用品的份额上连续数年市场占有率居第一。也许安踏要成为国际知名品牌还有很长一段路需要走，但我们相信**只要有梦想，终有一天会开花**。

上帝打开的另一扇门

　　在七年前，他曾拥有一个幸福的家庭，一个美丽动人的妻子，一家收入可观的修车铺。他每天早出晚归，勤勤恳恳地工作着，不管有多辛苦，多劳累，他从不吭一声，脸上始终挂着一抹淡淡的微笑，他觉得为自己所爱的人而奋斗，无论吃多大的苦都是值得的。

　　然而一切的幸福和美好都随着一场车祸而灰飞烟灭，化为乌有。他在一场车祸中失去了宝贵的双腿，每日不得不蜷缩在轮椅车里度日，更可怕的是他深爱的妻子竟在他最困难的时候，头也不回地离开了，而那时他们才刚刚结婚一年多。

　　腿没了，铺子关了门，心爱的女人也走了，这样的打击几乎让他失去了生活下去的勇气，曾有几次他都想买瓶安眠药结束自己的生命，但理智最终还是战胜了软弱。一番痛苦的挣扎后，他终于放弃了轻生的念头，决定勇敢地面对生活。虽然失去了双腿，但他还有一双勤劳的手，还有一颗聪慧的脑袋，一样可以过上幸福的生活。

　　没了工作，他失去了经济来源，生活变得异常艰难。2005年的一天，他突发奇想，想在网上写歌挣钱。说干就干，没过多久他就写出了平生第一首歌《亲爱的你在何方》。他激动地将这首歌放到网上，期待能得到大家的喜欢和赏识，可是一星期过去了，一个月过去了，一年过去了，他的歌依然少有人问津。但他并没有因此灰心丧气，而是怀着更大的热情继续写歌。对于仅有初中文化，又毫无乐理知识的他来说，尽管费尽了心力，效果却总是很不理想。

转眼三年过去了，他在音乐上还是毫无进展，亲戚朋友都劝他放弃，不要异想天开，是什么虫就钻什么木，找一份适合自己的工作，踏踏实实地生活。可是执着的他，一旦认定一件事后，十头牛也拉不回来，不管大家如何看待他，他依然我行我素地写着自己的歌。终于在 2008 年的一天，长期的生活积累让他迸发出了灵感的火花，写下了《爱上你等于爱上了错》。功夫不负有心人，这首歌刚放到网上，就引起了不小的轰动，一连数周，点击率和下载率都跃居某网站的榜首。

冬天到了，春天的脚步还会远吗？在历经了痛苦迷乱的冬天后，他终于迎来了事业的春天。在一个艳阳高照的午后，他接到了一家音像公司的电话，对方说愿意出三万块钱买下这首歌的版权。拿着自己残疾后挣来的第一笔钱，坚强的他忍不住热泪盈眶。

有了第一次的成功经验后，2009 年他又创作出了歌曲《凌晨的眼泪》，很快又被一家唱片公司以一万元的价格买断了版权。如今，他已成为辽宁省一位家喻户晓的歌手，这位身残志坚的青年就是王帅。

　　从当初绝望无助、忧愁痛苦的残疾人，到现在充满阳光和快乐的优秀音乐工作者，他的成功蜕变充分说明了，**黑夜的尽头就是黎明，绝望的背后就是重生，上帝在关掉一扇门时，常常会打开另一扇门。**

成功就是做好一件事

那年，因为生活所迫，他不得不在路边支起一个摊，做起了修补皮鞋的生意。起初，由于他是个新人，没有什么人脉，生意十分惨淡，一天只能赚几块钱，但他毫不灰心，他相信，只要自己练好技术，一切都会慢慢好起来的。

很多人都认为修补皮鞋是一项最没有前途的职业，包括那些从业人员也大多将它当作一种谋生的手段。可以说，但凡有别的办法，没有人愿意干这项工作。因此，大部分的补鞋匠都是得过且过，敷衍了事，只希望能混个温饱就行。而他跟那些路边的补鞋匠完全不一样，他热爱这项工作，将补鞋当作一门艺术，总是尽量做好每一个细节。每每看到顾客点头满意，他都打心眼里高兴，要是哪里有一点瑕疵，他会毫不犹豫地拆了重做，直到自己满意为止。

除了尽量让皮鞋保持原有的状态外，他还做了另外一件微不足道的事，那就是帮客人将鞋子擦洗干净，并打上鞋油，使其像新的一样。当然，他这样做并不是为了多收钱，而是让客人一拿到鞋，立马就能穿到脚上。同行都笑他多此一举，你只是一个修鞋的，干吗要管别人的鞋子干不干净，漂不漂亮呢？像你这样修鞋，迟早有一天会饿肚子的。面对别人善意的提醒，他毫不在意，将吃亏当作一种福。

都说人与人之间的付出是相互的，你为别人多做了一件事，即使别人嘴上不说，心里也会对你十分认可，并以另一种方式回报你。他的诚恳认真打动了附近几条街的人，渐渐地，来他这里补鞋的人越来越多，有时甚至排起了长队。

一天，一位老者前来修鞋，他见年轻人动作娴熟，修好的鞋子不仅坚固，而且耐看，线缝也处理得非常好，就跟原厂做出来的一样。更让老者感动的是，这位年轻人还无偿地将他满是淤泥的鞋子弄得干干净净，不染纤尘。这位老者不是别人，正是当地一家大型皮鞋厂的厂长，他们正需要这样一位认真负责的技师。随后，年轻人被高薪聘请到了他的皮鞋厂上班，专门负责一些残次品的处理。

多年后，年轻人成了这家皮鞋厂的厂长，并将它发展为国内最知名的皮鞋品牌。某日，当他办完事路过当初修鞋的街道时，发现那些嘲笑他的同行没有丝毫的变化，仍然在那儿忙忙碌碌地修补皮鞋。而他此时已是一家上市公司的 CEO，拥有上亿的资产。当记者问及他成功的经验时，他总是微笑着说，没什么，我只是做了我应该做的事情。

甘地夫人曾说："世上有两种人：一种人做事；另一种人邀功。我要试着做第一种人，因为这类人比较没有对手。"当我们渴望成功，渴望被人赏识时，是否应该认真做好身边的每一件事呢？

成功就是要找准方向

那年，他怀揣梦想，辞去了让人羡慕的"铁饭碗"，开始了艰难而漫长的创业之路。首先，他想到了贩羊，因为他听说湘西、常德和贵州一带的羊比较便宜，一头就能赚二十多块钱，差不多能顶一个月的工资了。于是，他筹集了一笔资金，迫不及待地前往那些地方收羊。正当他兴高采烈地将一车羊拉回来时，当地的羊肉价格却跌了，他只得低价卖出，贩羊之梦就此破灭。

那时正值改革开放初期，各类市场均未成型，他就像一只无头苍蝇，听说哪里能赚钱，就往哪里跑。随后，他做起了白酒生意，他满以为这次能够淘到第一桶金，但现实就是那么残酷，辛苦的付出，并不一定有超高的回报。这次他的运气仍然不佳，产品销量极差，不久便关门大吉了。

面对挫败，他毫不灰心，没过多久，又做起了玻璃纤维生意，但由于缺乏经验，他的创业之梦再次夭折了。此时，他才真正意识到什么叫隔行如隔山，他在大学里学的是材料学，最精通的是各类材料和机械，其他方面并不内行。所谓"吃一堑，长一智"，经历了这几次创业失败后，他汲取了教训，决心充分发挥自己的专长，从最熟悉的领域做起。

　　经过一番调查分析，他发现一种有色金属焊料在市面上十分稀缺，凭着敏锐的嗅觉，他断定其中一定大有作为。有了目标，接下来就是如何实施。当然，创业最缺的就是资金，但这并没有难倒他，他从亲戚朋友那里借了六万多块钱，还拉了几个合伙人，便风风火火地成立了一家焊接材料厂。说是厂，其实只是一间阴暗潮湿的地下室，但这丝毫没有影响他的创业激情。他和几个技术工废寝忘食，没日没夜地工作着，他们通过上百次调整配方，数十次改变工艺，终于研制出了第一项产品——105 铜基焊料。

　　胜利似乎就在眼前，他赶紧将第一批产品寄给辽宁的一家工厂，但让他做梦也没想到的是，第一批货很快就退了回来，原因是质量不达标。为了不让大家的心血付之东流，他马不停蹄地赶往母校，请来一位专家现场指导。功夫不负有心人，产品的缺陷终于得到了解决，随后，订单滚滚而来，他的事业渐渐步入了正轨。

　　初战告捷后，他并没有被胜利冲昏头脑，而是开始思索如何走出去。他注意到当时国家正在大力发展基础建设，需要大量的机械设备，于是，野心勃勃的他转向了一个连国有企业都不敢做的行业——重工制造，并提出了"创建一流企业，造就一流人才，做出一流贡献"的口号。这次他又成功了，产品远销许多国家和地区，成为中国最大的工程建设机械制造企业之一。

　　他就是"三一集团"的创始人梁稳根，《财富》2012 年将其列为中国最具影响力的 50 位商界领袖之一。从一穷二白的机械厂工人到内地首屈一指的富豪，梁稳根只用了短短二十余年的时间，由此可见，选对方向是多么重要啊。

放低自己的姿态

在法国，有一位年轻画家，他倾其所有在最繁华的街头开了一间画廊。他想，凭自己的本领，估计用不了多久就会财源广进，名扬四方。但出乎意料的是，画廊开了好几个月，几乎无人问津。原因很简单，这条街上有许多知名的画廊，而他只是一个名不见经传的小人物，遭到冷遇也是情理中的事。

后来，这位年轻人调整了方向，他在另一条街开了一间咖啡馆，并巧妙地将他的画作布置在墙面和其他角落，让人一进来就犹如步入了艺术的殿堂，感觉特别温馨、幽雅、高贵。因为这个缘故，咖啡馆的生意十分火爆。当然，许多人来到这儿，并不是单纯地为了喝咖啡，而是为了欣赏一下他精美的画作。渐渐地，他的咖啡馆越来越有名，前来喝咖啡的人络绎不绝，其中不乏艺术爱好者和风险投资人。上天总是垂爱那些坚持不放弃的人，没过多久，一位书画商路过此地，他对墙上的画作十分感兴趣，并询问起它们的来历。当书画商知道这些画作全部出自咖啡馆老板之手时，一股敬佩之情油然而生。随即，他收购了所有的画作，并与这位年轻人签订了一份长达十年的合同。

　　无独有偶，我有一位朋友，刚从大学毕业时，他拿着自己的毕业证书及一大堆获奖证书四处求职。他本以为，以自己的才华，一定能找到一份满意的工作，于是，他将目标定位在了一些知名的大企业。但遗憾的是，没有一家公司愿意接纳他，究其原因，比他学校好、比他文凭高、比他有工作经验的大有人在，他不过是一个职场菜鸟罢了。

　　后来，朋友为生活所迫，不得不降低自己的标准，选择了一家口碑还算不错的中型企业，并决心从一个小职员做起。时间一晃就是两年，在这两年中，他一直虚心学习，尽职尽责，公司领导都很器重他。一天，公司的系统突然出了问题，而维修人员正在外地出差。公司领导急得团团转，要是在上午十点以前系统还不能恢复正常，他们将损失上千万元。就在大家不知如何是好时，朋友不慌不忙地说："让我来试试吧。"

　　大家都持怀疑的目光，心想，你一个小职员能搞定这么复杂的问题吗？让人意想不到的是，不出半个小时，公司的系统就恢复了正常。见此，老总由衷地赞叹说："没想到你还精通这个，以后就到技术部去工作吧，工资是原来的两倍。"其实，老总哪里知道，朋友在大学时就已经过了计算机三级。

　　大约半年后，公司接到一笔国外的订单，但在签订合同时，老总才尴尬地发现，身边的人竟然听不懂对方在说什么。眼看这单生意就要泡汤了，我的朋友及时地站了出来，他用一口纯正流利的英语向对方详细地介绍了公司的产品、概况，以及未来发展的方向。对方频频地向他伸出大拇指，夸他是一个难得的人才。就这样，朋友不费吹灰之力，就被挖到了外企，还做到了中国区经理的位置。

　　人生有时就这样，当你苦苦追寻而无果时，不妨放低姿态，从身边的小事做起，因为不经意的展现往往更让人刮目相看，从而达到一鸣惊人的轰动效果。

没有永远的厄运

　　2014 年，马云以 195 亿美元的身家登上了中国富豪榜首位，成为世界上最具影响力的企业家之一。提起马云，可能很多人都觉得他太过幸运，从辞职创业到成为亚洲首富，他只用了短短二十年的时间。但实际上，马云的人生之路走得并不顺畅，几乎每个阶段都充满了坎坷与挑战。

　　18 岁那年，马云满怀激情地参加了第一次高考，但不幸的是，他落榜了。为了减轻家庭的负担，他不得不四处寻找工作，做过搬运工，抄写过文件。生活的艰辛，让他明白了一个道理，没有知识和文化很难在社会上立足。于是他下定决心，一定要考上大学，哪怕再复读一年。

　　随后，马云回到了学校，然而，天不遂人愿，尽管他十分努力，但再次名落孙山。出人意料的是，经历沉重打击的马云不仅没有气馁，反而越挫越勇，他相信，事在人为，只要自己不放弃，终有一天会考上大学。就在马云积极准备再次备战高考时，家人劝他说："孩子，放弃吧，也许你没有这个命，世上还有许多的路可以走，你何必吊死在一棵树上呢？"马云听后，坚决地说："不，我就要上大学，这是我的梦想。"就这样，倔强的马云选择了半工半读，他白天上班，晚上学习，以惊人的毅力克服了重重困难。

1984 年，已经二十岁的马云再次迈进了高考的考场，这一次，他稍微幸运一点，离本科线只差五分，被杭州师范学院专科勉强录取了，后来又被调配到外语系本科专业。时间一晃就是四年，马云在杭州师范学院修完了所有的课业，并成为杭州电子工业学院的一名英语教师。

如果马云是一个安于现状的人，也许就会像普通人一样，捧着一份还算丰厚也比较稳定的薪水直到退休，但马云向来不是一个安分的人，他要将自己的青春熊熊燃烧。果然，只过了四年平静的生活，马云就开始折腾起来。1992 年，他成立了海博翻译社，但第一个月就出现了入不敷出的局面，收入只有七百余元，而房租就要2000 余元，还不包括其他开销。为了生存，马云不得不兼做起别的业务，比如，卖鲜花和礼品等。那段时间，马云十分卖力，每天早出晚归，还时常背着一个大麻袋去义乌和广州等地进货。尽管如此，生意还是不见多少起色。从 1992 年至 1994 年，他的翻译社一直处于亏损的状态，直到 1995 年才出现好转。这一年，他果断地辞去了大学教师的工作，目的就是不给自己留后路，一门心思地往前冲。

功夫不负有心人，在马云的不懈努力下，他先后创立了杭州海博网络公司、中国黄页、阿里巴巴、淘宝网、支付宝、阿里妈妈、一淘网、阿里云等国内电子商务知名品牌。虽然期间他遭遇过很多次挫折与失败，但马云始终不放弃，他认为，**做一件事，经历就是成功，你去闯一闯，不行你还可以调头，但是如果你不做，就像你晚上想出千条路，早上起来还走原路一样，放弃是人生最大的失败。**正是秉承这一思想，马云最终脱颖而出，成为商界的一个传奇。

　　只要你坚持做好一件事，离成功是不会远的。

抬头就是一片蓝天

那年，一位年轻人失魂落魄地迈上了一辆火车，他心灰意冷，想要在这次旅程后，便结束自己的生命。

上帝似乎一直不太眷顾他，考大学没有考上，好不容易找了份工作，又遇到公司倒闭，与朋友合伙做生意，又被骗得身无分文，要不是父母接济他，他现在恐怕连买一张火车票的钱都没有。年轻人的眼里写满了绝望，他抱怨世道太黑暗，抱怨上天不公平。

年轻人的脑子里一片混乱，他没有想到，世界之大，竟没有一个属于自己的容身之处。就在这时，火车驶进了一片荒无人烟的沙漠之中，大家都不由自主地望向窗外，年轻人也不禁抬起头。他看到了一片湛蓝的天空，看到了几朵悠悠的白云，那一瞬间，他突然觉得世界真美。不一会儿，前方出现了一个弯道，火车开始缓缓减速，随即，一座简陋的平房映入了年轻人的眼帘，要是在其他地方，这座毫不起眼的房子一定不会引起大家的注意，但在这样一个人迹罕至的地方，无疑是一道亮丽的风景。大家目光齐聚，有的人甚至开始议论起这座房子的主人，担心起他们的安全和生活状况。

　　年轻人的眼前不由得一亮，他一下子看到了希望。在回来的路上，年轻人特地在中途下了车，他的目的只有一个，那就是前去探访房屋的主人。主人告诉他，这些年，他受尽了噪音的折磨，想要搬离此地，但无奈没有人愿意买他的房子。年轻人问他，你要多少钱？房主说，你随便出个价吧，只要能收回一部分成本我就心满意足了。就这样，年轻人花了很少一笔钱买下了这座房子，当然，他不是想在这里隐居，而是想靠它赚钱。

　　不久，年轻人回到城里，他联络了好几家大公司，并为他们设计了一套行之有效的广告方案。年轻人的想法非常有创意，在这个荒无人烟的地方，这座象征着家的房子，会让人感到特别温馨，用它来做广告，绝对能起到过目不忘的作用。果然，一家世界知名的饮料公司看中了这块"风水宝地"，以每年十万美元的租金，买下了他的广告代理权。后来，年轻人用这笔钱开了一家广告公司，把生意做到了全国各地。

　　正所谓"人无千日好，花无百日红"，在成就事业的路上，总会遭遇到这样或那样的坎坷，当我们身处逆境时，一定不要只顾埋头看路，要学会抬头看天。记得那次去张家界旅游，在通过天门山的玻璃栈道时，我战战兢兢，不敢挪步，生怕一不小心摔下万丈悬崖。这时，一位经验丰富的导游告诉我，害怕时你就抬头看天，然

后一直往前走。这招果然奏效，我不仅顺利地通过了长约 60 米的
栈道，还欣赏到了许多美丽的风光。**当人遭遇不幸时，总是喜欢往
坏处想，而事实上，你的处境并没有想象的那么糟糕，只要你时不
时抬起头，你就会发现希望就在身边，一切皆有可能。**

那个追梦的老男孩

　　对于筷子兄弟来说，2014 年无疑是他们的幸运之年，先是在 5 月份推出了歌曲《小苹果》，一夜之间红遍大江南北，成为新时代的广场舞神曲。筷子兄弟的人气也随之一路飙升，成为媒体和大众关注的焦点。当然，他们的好运并没有就此打住，同年 7 月，由他们自导自演的电影《老男孩之猛龙过江》在全国各大院线火热上映，并斩获 2.1 亿元的超高票房；同年 11 月，他们受"第 42 届全美音乐奖"主办方邀请，担任表演嘉宾，成为首个登上全美音乐奖舞台的华语艺人组合，并凭借《小苹果》获得"年度最佳国际流行音乐奖"……随后，他们又成功登上了 2015 年央视春晚，与凤凰传奇共同演绎了《最炫小苹果》，深受广大观众的喜爱。

　　也许有人会感叹，筷子兄弟实在太幸运了！有这种想法的人，其实只看到了他们成功的一面，而未看到他们受苦受累的一面。在成名以前，王太利只是一个从山东潍坊来北京打拼的普通年轻人，并且他还有些倒霉，找不到工作，找不到一个欣赏自己的人，眼看带来的盘缠所剩无几，他只好无奈地买了一张回家的车票。

　　一时的挫折并没有让王太利放弃，稍作调整后，他再次满怀希

望地来到北京。与上次一样，他仍然没有找到一个容身之处，没有
人接纳他，没有人赏识他，他就像被世界遗弃了似的。从 1993 年
至 1997 年，他不断地往返于北京与山东之间，但每次都失望而归。
最惨的一次，他连住店的钱也没有了，幸亏一位好心的老乡收留
他，给他找来一张木板，一床被子。那一夜，他失眠了，倒不是因
为床太硬、太冷，而是感到前途渺茫。回想起这几年走过的路，他
好几次都差点流下泪来。但无论现实多么残酷，也无论父亲如何反
对，王太利始终没有放弃心中的梦想，他想，不是时机未到，而是
自己受的苦还不够。

　　时间一晃又是十年，虽然此时的王太利已是一家文化公司的老
板，但距他的梦想还有很大一段距离，王太利第一次感到了如山一
般的压力，因为这一年他已经 38 岁。然而，人不可能倒霉一辈子，
2010 年，王太利与肖央合作，自编自导自演了一部以青春励志为
题材的"11 度青春系列电影"短片《老男孩》，这部电影受到了广大
网友的热烈推崇，筷子兄弟迅速走红，王太利也渐渐为世人所知。

　　肖央的景况也好不了多少，从小他就是一个让老师讨厌、让
家长头痛的调皮生，快到初中毕业时，才猛然意识到不能再这样
"混"下去了，为此，他专门从河北承德来到北京，报考了中央美
院附中，但出乎意料的是他落榜了。对此，肖央毫不气馁，与三个
同学合租了一间几平方米的房子，日夜苦读，终于在第二年考上了

美院附中。高中毕业后，他考入了北京电影学院美术系，并选择了广告导演专业。2005 年，肖央接到一个活，为一家文化公司拍一个广告，这位雇主正是王太利。虽然王太利比肖央差不多大了十一岁，但由于志趣相投，他们很快成了朋友，于是便有了后来的筷子兄弟。

正如《老男孩之猛龙过江》中的一句台词所言："**只要你对一件事情有强烈的渴望，全宇宙都会帮你实现；如果说你还没有成功，那就是渴望还不够强烈。**"一个人，如若有一颗孜孜不倦地追求梦想的心，即便是一条老咸鱼，也能过江，也能成为猛龙，因为有梦想就会有未来，有梦想谁都了不起！

十分钟创下"百万美元"

　　他出生在英国一个贫穷的家庭，从小乖巧懂事，勤奋好学，高中毕业后顺利地考入了诺丁汉大学。虽然这是英国一所十分著名的大学，也是无数学子梦寐以求的理想乐园，然而他却始终高兴不起来，因为昂贵的学费令他望而生畏。像他这种情况，本来可以申请助学贷款完成学业，可是他不想一入大学，就背上沉重的经济负担。怎么办呢？是退学，还是另想他法？那段时间，他烦恼极了，每天都在为钱的事情发愁，真恨不得天上能掉下一沓钱，或是买彩票中个头奖。

　　眼看夏天就要结束了，开学的日子一天天逼近，而他的学费还是没有着落。这天晚上，他再一次失眠了，躺在床上翻来覆去，始终无法入睡。快到半夜时，他脑子里突然迸出一个奇怪的想法，在网上卖"方格"。所谓方格就是一个用来装载图片、网址、文字等的平台，方便全世界的人查找和浏览，类似于在报纸和电视上打广告，不同的是只要你买下这个方格，就永远占据了这个位置和空间，并且价格要比其他媒介低上千倍。当时英国还没有一家这样的网站，他立刻意识到其中有着巨大的商机。于是，他兴奋地从床上跳下来，打开电脑，在互联网上申请了一个免费域名，然后花了大约十分钟的时间，建了一个网站。在这个网站的主页上分布着一万个小格子，每个格子的大小分别为 10 乘 10 像素，售价为 100 美元。他还给这个网站起了一个有趣的名字，叫"百万美元主页"，其中包含了两层意思，一是使用此方格的人可以赚取一百万美元；二是一万个方格卖完后，他刚好可以赚取一百万美元。

网站建好后，他焦急地等待着买家的到来。说实在的，他的心里没有多少底，只希望能幸运地卖出一两百个方格，够交学费就行了。然而，让他出乎意料的是，这个网站异常火爆，刚刚推出就受到了人们的热捧，仅仅一天时间，就卖出了 50 多个方格，随后订单不断，供不应求，平均每天都要卖出 40 多个方格。很快，"百万美元主页"就成了英国一个人气很高的网站，引得各大媒体争相报道，一时间，"百万美元主页"声名远播，名扬四海。四个多月后，他的一万个方格便销售一空。就这样，他用十分钟做成的网站，轻轻松松就赚取了一百万美元，不仅可以支付自己读大学的所有费用，甚至连将来买房子和娶媳妇的钱也绰绰有余。

他就是"百万美元主页"的创始人亚历克斯。如今"百万美元主页"已风靡全球，有二十多家世界级知名媒体对他进行了专访，亚历克斯也从一个连学费都交不起的穷小子，华丽转身为一个世界名人、一位年轻显赫的新贵。

　　成功往往源于一个小小的创意。一百万美元，对于大多数人来说，可能花费一生的精力也赚不到，而对于某些人来说，也许十分钟就能搞定。这个世界上，没有什么办不到的，只有你想不到的。无论你是一个一无所有的大学生，还是一个一穷二白的打工者，只要你不屈服于命运，怀揣梦想，勇于打拼，谁又敢说你不是下一个亚历克斯呢？

第五辑

幸福属于奋斗和有悟性的人

有阳光时，我们不骄不矜，积极主动地抓住机遇，

尽情地展现自己的才华，朝着自己的目标奋力进发。

不因幸运而故步自封，止步不前；

没有阳光时，我们要学会忍耐，学会等待，沉得住气，受得起委屈，

宠辱不惊，去留无意，心胸豁达，心情平和淡然，

韬光养晦，冷静思考，为下次展翅高飞积蓄力量。

忙，并快乐着

在大家一片羡慕的目光中，同事张老师退休了。大家不禁感叹：我们何时才能盼到退休，每天只管睡觉、吃饭、晒太阳、下棋、打牌、享乐，那样的生活简直赛过神仙。

大家原以为张老师退休后一定会悠闲地打发后半生的生活，岂料只过了两个星期，张老师又站在了一所私立学校的讲台上，他不仅每天早出晚归，一丝不苟地批改学生作业，而且还利用假期的时间去老年大学学习画画。大家看见，张老师不但没有闲下来，而且比以前更忙了。同事们十分不解，张老师的儿女都已参加了工作，他们老两口又都有一份不菲的退休金，家里根本没有任何负担，干吗享不来福，还这么拼命地工作呢？

其实张老师的心情我最能体会。这些年，我除了上班，做家务，教育孩子，其余时间几乎全部用于看书和写作，即便是周末和寒暑假，仍然一天也不放松。同事约我打牌，我说没时间。朋友请我喝茶，我说我很忙。于是同事和朋友关心地对我说："你这么忙，难道不累吗？"我说，当然累，但我很快乐。很多人无法理解，认为我这是为追逐名利而找的借口。可事实上，我只是为了使自己的生活过得充实一点，快乐一点。

　　同事小王经常找我发牢骚，说假日里烦得不得了。究其原因，他业余无事可做，用他的话来说：打牌输了钱，心里难受。玩网络游戏，时间长了生厌。看电视，很少有喜欢的节目。找人聊天，每个人都貌似没有空。他觉得业余生活很没有乐趣，干什么事都没劲，还不如每天上班来得自在。

　　也许很多人都曾有过这样的体会：以前工作太忙，太累，总是抱怨，活得像个驴子似的，要是能整天游手好闲，无所事事该多好啊！可是，当有一天退了休，真正闲下来时，才惊奇地发现，原来不上班的日子并不是想象中那么美好。以前所渴慕的时间，现在却成了一种负担，不知该如何打发。这时，反而羡慕起那些朝出晚归，有事可忙的人。人一旦闲下来，无事可做，就会感到空虚无聊，郁闷烦躁，甚至闲出病来。这便是许多退了休的人为何退而不休的原因。

　　忙碌是一种充实，也是一种快乐。忙碌的日子，尽管偶尔会抱怨，但更多的是在忙碌中所收获的快乐。人生就是这样，越忙碌越充实，越充实越开心。正如作家路遥所说：劳动是辛苦的，但劳动又常常是快乐的。其实每个人都应该培养一个有益的爱好，诸如琴、棋、书、画……有了自己的爱好，每天的时间安排得满满的，自然就会少有烦恼了。

恬淡如荷

　　前几天去乡下采风时，正赶上荷花盛开。只见碧水中肥叶如扇，绿意盎然；绿伞丛中探出朵朵亭亭玉立的荷花，如无数双纤纤素手，也似一张张俏丽清润的笑脸，美玉天成。尽管没有"接天莲叶无穷碧，映日荷花别样红"的磅礴大气，但也清婉隽秀，逶迤连绵，蔚为壮观。

　　平生爱荷胜过其他任何名贵花草，这样的机会我当能错过，于是在返城时，我特意带了几朵含苞待放的荷花回家中怡养。到家时天色渐晚，我随便找了几个矿泉水瓶，往里面注入一些水，然后将带回的花插入其中。一切安排妥当，就躺在床上睡下了。

　　一觉醒来已是第二天早上，掀开窗帘，太阳高高地悬挂在东边的山峦，金色的阳光透过窗户，洒落于屋中。我打了个呵欠，伸了伸懒腰，当我从睡房步入客厅时，立刻被那几朵盛开的荷花震撼了。一夜之间，它们全都怒放。在灿烂的阳光下，它们热情奔放，无拘无束，尽情地展露着自己娇美的身姿，那风情万种、春容含笑的样子惹人怜爱。我情不自禁地举起相机，从各个角度给它们拍照，把这短暂的美丽定格为永恒。一番沉醉感叹后，我不得不收起愉悦的心绪，匆匆忙忙地起身去单位上班。

中午有应酬我没时间回家，直到傍晚才从外面回来，刚进屋，就迫不及待地想欣赏一番那几朵荷花。当伫立于它们跟前时，我惊奇地发现，盛开的荷花不知什么时候竟然收起了美丽的花姿，展开的花瓣全部合拢，将中间的花蕊层层包裹着，几乎又回复到最初待放的样子。第二天、第三天亦是如此，有阳光时它们就绚丽地开放，没有阳光时它们就蓄势待发，等待下次花开。

荷花的这种特性，不禁让我想起了我们的人生。俗话说：花无常开，月无常圆。一个人在成长的过程中，总会经历阳光和阴雨，那么我们如何正确地面对和把握这两种截然不同的境遇呢？

或许我们可以学学荷花的处世之道。有阳光时，我们不骄不矜，积极主动地抓住机遇，尽情地展现自己的才华，朝着自己的目标奋力进发。不因幸运而故步自封，止步不前；没有阳光时，我们要学会忍耐，学会等待，沉得住气，受得起委屈，宠辱不惊，去留无意，心胸豁达，心情平和淡然，韬光养晦，冷静思考，为下次展翅高飞积蓄力量。

每一粒粮食都流淌着别人的汗水

　　自从母亲和我生活在一起后，我们之间的矛盾日益突出。其实也不为别的，就因为母亲看不惯我的浪费。比如，每顿吃剩下的饭菜，我从不留到下顿，总是统统倒掉。洗碗时，我喜欢在盆里放很多清水，或是直接在水龙头下清洗。晚上，我喜欢把房子里的灯开得亮亮的，让每一个角落都没有阴影。过时的衣服，或自己买回来后又觉得不喜欢的衣服，我通常都丢在衣柜里不再穿，而又重新买新的……

　　母亲恰好是另一种类型的人。早上剩下半碗稀饭，她会留到中午再吃。洗了衣服的水，她会用一个桶盛装起来，用于冲厕所。晚上，她会不动声色地将所有大灯关掉，只剩下一个十瓦的节能灯泡。一件衣服，都穿得发白了，她也舍不得换一件新的。最不能让我接受的是，一个苹果烂了半边，她会削去烂掉的，然后若无其事地说，你看这半边全是好的，还能吃……

　　对于母亲的节约，我十分不解。要说像我这样的家庭，房子车子都有了，父母不仅身体健康，而且还有一份不错的退休金，我也有一份比较可观的稳定收入，根本就不差那点儿小钱，至于那样精打细算，斤斤计较吗？无形中，我将母亲的节约理解为斤斤计较，吝啬，跟不上时代。

虽然我对母亲的行为很不理解，也很不乐意，但又毫无办法。毕竟母亲是从困难时期走过来的人，为了供我读书，又吃了不少的苦头。因此，我只能迁就母亲，尽量让她满意。但从内心讲，我是不赞同母亲的。

日子就这样在迁就与唠叨中过着，直到一个周末的一天，在经历了一件小事后，我才算真正懂得了母亲的心。

那天，我去郊外踏青，中午的时候，有几个青少年玩累了，他们将刚买来的报纸铺在地上，有的用来坐，有的用来放东西，有的用来叠纸飞机，但就是没有人拿来阅读。这本来是一个很平常的举动，许多人都这么干过，然而在我的眼里，却犹如进了一粒沙子，让我十分难受。作为一个写作者，我深知一份报纸虽不值钱，但其中浸润了编辑的心血，浸润了作者的心血，浸润了印刷工人的心血，浸润了邮递员的心血……这些青少年太不尊重别人的劳动成果了，我在心里暗暗地责备着。

就在我责备那些青少年的一瞬间，我突然明白了母亲节约的行为。原来，每一粒粮食，每一滴清水，每一缕灯光，每一件衣服……都流淌着别人的汗水和心血。**虽然很多东西是你用钱买来**

的，看似与别人无关，而事实上任何一样东西，都是他人用心血与汗水浇灌出来的。

从那以后，我懂得了珍惜，变得同母亲一样节俭，我与母亲之间的关系也变得越来越和谐了。

接受也是一种快乐

前不久，我带着女儿回乡探亲，在候车室里，我们焦急地等待着班车的到来。女儿的旁边是一对年轻的夫妇，男的全神贯注地望着一辆接一辆出站的客车，女的目不转睛地盯着女儿看。

也许是因为长时间等车太无聊，抑或是女儿的确可爱，讨人喜欢，旁边的女子亲热地用手摸着女儿红扑扑的小脸蛋，并笑着说："小妹妹，真可爱！今年几岁了？"女儿向来胆小惧生，一边躲一边向我求助："爸爸，爸爸……"我对女儿说："别怕，阿姨喜欢你。逗玩了一会儿，那女子从兜里拿出一个阿尔卑斯棒棒糖递给女儿，并对女儿说叫阿姨。女儿迟迟不动，棒棒糖放在她手里也不要，我发现那女子的表情有些尴尬，慌忙替女儿接了过来，并向那女子示以感激的微笑。因为我的接受，女子脸上的尴尬荡然无存，取而代之的是满脸的欢笑和喜悦。因为女儿的可爱赢得了别人的喜欢与赞赏，我心里也十分高兴。

看着眼前这位笑容满面的女子，我不禁想起了发生在去年的一件事，也是在这个长途汽车站，也同样是等车。女儿饿了，我取出包里的零食给她吃，这时旁边一个小家伙睁着一对明亮可爱的大眼睛一动不动地盯着我装零食的袋子，眼神中充满了期待。于是，我顺手也给了他一包。小家伙正准备拿过去，突然旁边一只大手拦住了他。

　　我看到了一双怀疑警惕的眼睛，那是孩子的母亲，一个年轻漂亮的女子。只听她对孩子说：妈妈跟你讲了多少遍，不能要陌生人的东西。那孩子却并不听母亲的劝说，号啕大哭起来，孩子的母亲显然生气了，但还是压低声音说："东西里面放了药，不能吃，吃了会死的。你再不听话，妈妈就要打你了。"她的吓唬还是不管用，那小孩越哭越厉害，仍然吵着要。最后没办法，孩子的母亲狠狠地给了他一个耳光，强行把他拽走了。听着小孩渐渐远去的哭声，我心里很不是滋味。

　　经历了这两件事后，我突然发现接受也是一种快乐。一直以来我都认为给予永远比接受更伟大更快乐更幸福。现在我才明白接受并不比施与低贱，而恰恰是对别人馈赠的一种尊重和理解，肯定和信任。很多时候人们并不是不想给予，而是害怕遭到拒绝，而不敢轻易付出。

　　其实接受也是一种美德，也是一种快乐，给予者捧着一份真情而来，愉快地接受也会让给予者得到一种心灵上的愉悦和满足。而拒绝别人的善意，有时可能会伤害别人善良的心。所以对于别人善意的帮助，我们不妨欣然接受。

简单的快乐

那天，我从成都办事归来，坐在长途汽车上，车内十分安静。有的人在睡觉，有的人微闭双眼听着音乐，有的人斜视窗外，欣赏着路边的风景。也许面对陌生人大家都心存戒意，也不知从何说起，所以谁也不愿主动搭话，都沉默着，只听见汽车发出持续的轰轰声，让人感到烦闷之极。

车至一路口，不知从哪儿上来了一群农民工，每个人的身上都背着一个大背包，手里还提着不少的东西。他们皆衣着朴素，皮肤黝黑，双臂粗壮，手上长满了厚实的老茧，一看便知是从事重体力活的农民工。他们一上车，就肆无忌惮地说着，开怀地笑着。亲切的乡音，爽朗的欢笑溢满了全车，车内的气氛立刻活跃了起来，大家的目光也都齐聚于他们身上。

听他们言谈，知道他们原来是修建某大型水库的石匠，已经有半年没回家了。这几天适逢工地缺材料放假，他们就匆匆忙忙地赶回家，看看家中的老人和孩子，顺便帮着抢收成熟的稻谷。他们畅谈着自己的孩子，议论着今年庄稼的收成，不时发出一阵阵毫无掩饰的欢笑声，那单纯的欢笑完全发自心灵深处。他们明亮而璀璨的双眼充满了期待与希望。突然间我被他们的快乐感染了，完全忘怀了自己因事情没办成而带来的沮丧。

到了中午，汽车停靠在一家餐馆门前，大家纷纷下车吃饭。那几个农民工也下了车，但他们并没有跨进餐馆，而是从身边的口袋里掏出一瓶水，几个大饼，蹲在门口啃了起来。换了是我一定为此而感到无地自容，可是他们却毫不在意，旁若无人似的，大口大口地嚼着，他们的表情是那么的淡定从容。

我很奇怪，为什么一瓶矿泉水，两个大饼，一根劣质的香烟，他们就觉得那样的满足，那样的快乐。也许这正是源于一种简单的生活。

人有时就是这样，越是有了身份和地位，越是有了金钱与财富，就越是发现快乐难觅。究其原因，我们总是给自己定下一些遥不可及的目标，与身边的人盲目地攀比、追逐。而人的欲望往往难以满足，于是烦恼随之而来，整日牢骚满腹，抱怨声声。

越是简单的人活得越快乐，越充实，农民工不会刻意地去追慕世俗名利，不会好高骛远，不着边际，奢望生活过多的给予，也没有时间去多愁善感，抱憾生活。他们**懂得知足常乐，脚踏实地，量力而为**。

　　家有豪宅万千，夜寐仅需七尺，纵有良田千顷，日食不过三斗。我们又何必为这些东西而苦恼呢？一个人，如果肯将生活的眼光放低一些，也许就会坦然一些；如果知足一些，也许就会快乐一些；如果恬淡一些，也许就会幸福一些。

　　简单，本身就是一种快乐。

微笑的种子

　　那天，我下班回家，在路上遇到一个可爱的小女孩，她扬起长长的睫毛，微笑着喊我叔叔。孩子的眼睛清澈透明，纯洁真诚，看起来特别天真可爱。尽管我并不认识这个小女孩，但我还是被她灿烂的微笑感染了，情不自禁地也在自己脸上绽放出一朵花来，并亲切地对小女孩说，小朋友好！曾几何时，我也曾有着和小女孩那样天真烂漫的微笑，但随着年龄的渐长，生活的艰辛，我收敛起了自己的笑容，变得严肃、冷漠、一本正经。尤其是在我大学毕业之后，做了一名教师，为了维护自己的尊严，我一次又一次地强压着微笑，努力地绷紧松弛的面孔。我生怕嘴角一牵动，就影响了自己高高在上的形象和地位。于是，我更加吝惜自己的微笑，人前人后总是板着一副冷冰冰的面孔。

　　要不是遇到这个小女孩，我可能永远也无法体会到，原来微笑是如此的美丽，如此的温暖，如此的令人心醉。那一瞬间，我终于明白了，为什么《蒙娜丽莎》会价值连城，受到那么多人的推崇和喜爱；为什么"回眸一笑"会有那么大的魅力，能醉倒千千万万古往今来的文人骚客。原来答案皆在这笑里。

写到这儿，我不禁想起一个故事：曾经，有一个忧郁者向一个智者请教，如何才能变得快乐？智者说：请学会微笑吧，向所有的一切。

于是，忧郁者走了。他按照智者的指引，去寻找微笑，去付出微笑。半年后，一个快乐者来到智者的面前。他告诉智者，他就是半年前那个曾求教于智者的忧郁者。

曾经的忧郁者说："当我第一次试着把微笑送给那位我曾熟视无睹的送报者，他还我以同样真诚的微笑时，我发现天是那么蓝，树是那么绿，送报者离去时哼着的歌是那么动听；当我第二次把微笑送给那位不小心把菜汤洒在我身上的侍者时，我收获了他发自内心的感激，我似乎看见了人与人之间流动着的温情，这温情驱散了我内心聚积着的阴云。后来，我不再吝惜我的微笑，我把微笑送给街边孑然独行的老人，送给天真无邪的孩子，甚至送给那些曾经辱骂过我的人时，我发现，我其实收获了高于自己所付出几倍的东西。它让我更加自信、更加愉快，也更加愿意付出微笑。""你终于找到了微笑的理由。"智者说："**假如你是一粒微笑的种子，那么，他人就是土地。当你把微笑的种子种下，你会得到意想不到的收获。**"生活中，我又何尝不是寻找着快乐的忧郁者呢？我告诉自己，从现在开始，我要在自己的脸上开出一朵花，面向所有的一切。

另一只眼看幸福

　　周末去看望一位朋友，他是我中学时代的一位同学。不久前，与他相依为命的母亲逝世了，朋友很伤心，一下子憔悴了许多。朋友是一位很不幸的人，在他很小的时候，父亲就因一次意外去世了。这么多年，是母亲一个人将他抚养成人。眼见他事业有成，可以好好孝敬母亲了，可是母亲却在这个时候离他而去。在这个世界他再也没有一个亲人可以依赖，也再没有一个亲人可以侍奉。朋友悲伤地说："我不羡慕那些家财万贯的人，也不羡慕那些声名显赫的人，我只羡慕那些有父母在耳边时常唠叨的人。"听了朋友的诉说，突然间我觉得自己是那么的幸运，那么的幸福。因为不仅我的父母健健康康，连我的爷爷奶奶和外公外婆也都还健在。为人父母，还能沐浴在父母温暖的爱河里，这是一件多么幸福的事啊！遗憾的是以前我一直没有体会到。

　　傍晚，经过一个露天广场时，看见有许多的老人正在那里唱歌跳舞，他们的神色是那么专注，他们的表情是那么和悦。每一个动作，每一句歌词，都透露出他们对生活的热爱。我完全被他们吸引了，情不自禁地走了过去。细看之下，才惊奇地发现，他们都是残疾人，来自本市残联。这些老人们每天都要来广场义演，不为别的，只为心中那份信念和信仰。从他们的脸上，看不出丝毫的失望，也找不到一丝的不快。虽然他们不幸成了残疾人，但他们的心态是积极的，健康的，快乐的。望着他们并不算美丽的舞姿，听着他们并不算悠扬的歌声，突然间我觉得自己是那么的幸运，那么的幸福。他们肢体残缺尚能如此乐观，笑对生活，那么我一个四肢健全的人，又有什么理由不快乐，不幸福呢？

　　夏天的时候，我坐在空调屋里悠闲地翻着书，喝着茶。在对面不远的地方有一个建筑工地，一群农民工正顶着烈日努力地工作着。热了，就用手背抹一把汗水，然后顺势一甩。渴了，就仰着脖子在水龙头下咕噜咕噜地牛饮一通，然而又继续手头的工作。在火一样的阳光下，他们一边喊着号子，一边挥舞着有力的胳膊，一副自得其乐的样子。虽然他们吃着最简单的饭菜，住着简易的工棚，吸着劣质的香烟，但他们并不悲观，他们的眼里充满了希望和期待。望着他们，突然间我觉得自己是那么的幸运，那么的幸福。

　　秋天的时候，我应邀去一山区采风。没到那里之前，我根本无法想象世界上还有这么贫穷落后的地方。那里山高路远，悬崖峭壁，交通十分不便，赶一次集，一般都要步行好几个小时才能到达。那里土地贫瘠，气候无常，能够栽种的基本上只有土豆、玉米、萝卜和白菜，他们的一日三餐也主要吃这些东西。然而，面对贫困的生活，他们的心态十分平和，极少抱怨，总是以大山般的胸怀容纳一切，高兴地迎接着每天升起的太阳。想想他们的处境，突然间我觉得自己是那么的幸运，那么的幸福。

　　生活往往就是这样，只要你把目光放低些，时刻以一颗感恩的心审视世界，你就会发现原来生活是如此美好，自己是如此幸运，如此幸福。

幸福可以提升

进入 21 世纪，职业竞争日益激烈，人们生活节奏也不断加快，来自四面八方的压力接踵而至，郁闷、焦虑、烦躁、悲观、失望、功名利禄等，不断侵袭、困扰着人们的心灵，使人们体验不到幸福和快乐。

那天，我要出远门，老婆为我收拾好了行李，坐在长达数小时的客车上，我无聊地打开携带的皮包，想把 MP3 取出来听听音乐，解解旅途的烦闷。拉开皮包的锁链，我发现有一张短笺，展开一看，娟娟字迹立刻映入我的眼帘："如果口渴，包里的保温杯里有开水，不要喝冷水，对你的身体不好；包里有橘子，要是晕车的话，可以嗅嗅橘子皮，会舒服一些。"以前我厌烦了老婆的唠叨，但在那一刻，我的心底涌动出了一股奇异的感觉——幸福。

原来，幸福可以这样提升：在日常生活中以一种知足常乐的心态面对世事，眼中不要只看到明星、名人，应该多想一想还有很多不如自己的人，想想他们的痛苦和不幸，摆正自己的位置，不盲目攀比。一个幸福的人往往不是因为他拥有的多，而是因为他计较的少。保持一份平和的心境，才会享受到幸福的乐趣。

　　原来，幸福可以这样提升：当别人住着豪华宽敞的别墅，而自己住在乡间简陋的瓦房中时，我们庆幸自己远离了城市的喧嚣和污染，庆幸乡间有新鲜甜润的空气，有绿色无公害的蔬菜，有一望无际碧绿的田野，有真诚而朴实的乡情。当别人驾着名车疾驰而过，自己还搭乘在拥挤的公交车上时，我们庆幸还能体会到别人为你让座的真情，或者自己为别人让座的快乐。当别人月收入上万，而自己却领着几百元的薪金时，我们庆幸闲暇时可以下下棋，散散步，钓钓鱼，无丝竹之乱耳，无案牍之劳形！

　　原来，幸福可以这样提升：当我们贫穷时，夫妻间恩恩爱爱，相濡以沫，同甘苦，共患难是幸福；一家人团团圆圆，围在一起吃饭、看电视是幸福；与子相悦，执子之手，与子偕老是幸福。

　　原来，幸福可以这样提升：当你身处沙漠、口干舌燥时，一盅泉水是幸福；当你身体疲倦、两腿如灌铅时，一张温暖而厚实的大床是幸福；当你失意落魄、孤独无助时，轻轻的扶持是幸福；当你卧病在床时，有人端茶递水是幸福；当你事业成功时，有人真诚祝福是幸福；当你遭遇失败时，有人关心和鼓励是幸福。

　　原来，幸福可以这样提升：当你没有美好的爱情时，却拥有弥足珍贵的亲情，你是幸福的；当你没有金钱时，却拥有用钱也买不到的知识，你是幸福的；当你仅有健康的身体时，你还是幸福的，因为这正是无数生命垂危的人所渴求的；当你连健康的身体也没有时，你也是幸福的，因为你还有一颗积极向上的心……

原来，提升幸福如此简单，只要换一个角度，就会发现，其实幸福就在我们的身边。

把快乐传递给别人

那天，我去领导办公室交一份材料，交材料前正好在一张报纸上看到自己的一篇文章发表了，因此我的心情特别愉悦。当我推开领导办公室的门时，我的脸上情不自禁地溢满了笑容，并用轻松快乐的语气向领导问好。领导瞧了我写的材料，不住地点头，脸上也露出了久违的微笑，并啧啧地赞叹道："不错，不错，真不错！"听了领导的夸赞，我不禁有些受宠若惊，写了这么久的材料，还是头一回被领导如此欣赏。

记得以前我去交材料，因为老是担心自己写的东西不够深刻，不够周全，怕不尽如领导的意，进门时总是低垂着头，沮丧着脸，表情庄重严肃。到了领导的身边双手将材料奉上，然后一言不发，默默地站在一旁等待着领导的指正和批示。结果总是如自己所担心的那样，每次领导看了我写的材料，不是吹毛求疵，就是在鸡蛋里挑骨头，让我改了又改。而这次我写的材料并不比以往的好，为什么会受到领导如此的赞赏呢？

经过一番细思，我发现原来快乐和烦恼可以传递，可以影响别人的情绪，也可以改变别人对你的评价。以前我总是带着紧张和不愉快的心情来到领导的办公室，无形中我把自己的不愉快传递给了领导，使他原本比较好的情绪一下子变得沉重了。用不愉快的心情去观世界，无论风景多么优美迷人，眼里也只是残枝败叶，落红缤纷。以前领导正是用这样一种情绪看我写的材料，难怪看到的总是缺点。而那天我将愉悦传递给了领导，使领导换了一种心情，他用欣赏的目光看我写的材料，自然看到的全是优点。

我们经常会有这样的感受，和快乐的人在一起，自己也会变得开朗乐观。经常和忧郁悲观的人在一起，自己的内心也会变得阴暗压抑。这便是快乐和烦恼的传递。

生活中，由于工作的压力，琐事的困扰，我们难免会出现不良的情绪。我们要学会控制自己，不要把工作上的不愉快带到家里，也不要把家庭的不愉快带到工作中去。以免影响了别人，也伤害了自己。

美国著名管理学大师德鲁克曾说："快乐的人，常给人群带来凝聚力，给工作带来愉快，给劳动带来轻松。"因此我们要善于营造好的心情，然后把快乐传递给别人。你的快乐就会如星星之火在别人的心里点燃，并迅速燎原，别人便以同样的快乐回赠予你。

在工作中，如果我们把快乐传递给别人，工作就会得心应手，如鱼得水，称心如意。在家庭中，如果我们把快乐传递给家人，我们的生活就会变得融融乐乐，安定和谐，幸福美满。

给自己一片晴朗的天空

在金融危机的影响下，朋友所在的公司破产了，自然他也就失了业。朋友四处求职，结果连连碰壁，为此朋友整日愁眉苦脸、唉声叹气，认为自己时运不佳，英雄无用武之地。渐渐地朋友不再像往日那样乐观豁达，笑容满面，而变得消沉悲观起来。

这天，朋友邀我一起喝酒，几杯暗黄的液体倒入肚中后，朋友的话也多了起来，他开始不停地抱怨："现在这社会找个工作真难啊，什么都得讲关系，有本事顶个屁用，没关系照样得靠边站。"朋友的愤懑与不满，主要来自找工作的不顺。待他内心的郁闷发泄得差不多时，我安慰朋友说："其实，你那工作丢了也并没有什么不好，工作环境差，待遇低，离家又远，说不定这次失业正是你人生的一大转机，兴许过不了几天，你就会找到一份满意的工作。"朋友经我这么一开导，心绪立刻好了很多，随即附和着我的话说："你说得也有道理，那破工作，完全就是鸡肋，食之无味，弃之可惜，现在没了也未尝不是一件好事。"

接着我们又聊了一些积极的、开心的话题，在我的影响下，朋友的烦恼完全释怀了。没过几天，朋友果然找到了一份不错的工作，再次遇见他时，我又看到了他一脸的灿烂。

幸福常常就是这样，老喜欢跟我们捉迷藏，当你苦苦寻觅时，它躲得无影无踪，当你心态平和、随遇而安时，它又悄悄地来到你的身边。所以，我们大可不必因一时的不顺而灰心丧气，郁郁寡欢，万念俱灰。好的心境完全取决于自己对生活的态度，就像面前的半瓶酒，悲观主义者说，这么好的酒怎么就剩半瓶了！而乐观主义者则说，这么好的酒还有半瓶呢！

愁也一天，乐也一天，我们有什么理由不给自己一片晴朗的天空呢？记得曾有一位老人，她大儿子是做伞的，她二儿子是染布的，每当天晴，她就忧心忡忡地说：我大儿子的伞怎么卖得出去呢？每当下雨她又焦虑万分地说：我二儿子的布该怎么办呢？为此，老人天天发愁，以致忧郁成疾。直到有一天一位智者对她说，你为何不换一种心情呢？每当天晴，你就为二儿子感到高兴，因为他可以晒布了。每当下雨，你就为大儿子高兴，因为他的伞可以卖个好价钱了。这样一想，老人天天都乐呵呵的，身体又恢复了原来的健康。

人生在世，不如意者十之八九，如果我们事事总是想到阴暗的一面，那么我们永远也不会得到快乐和幸福，也永远不会取得事业上的成功。凡事我们都应该想到积极有利的一面，给自己一片晴朗的天空，那样我们的生活才会充满希望和乐趣。

人生中的等不及

有一次，一位记者在采访比尔·盖茨时问道："尊敬的盖茨先生，您认为在您的人生中最等不及的事是什么？"记者猜想，比尔·盖茨一定会回答，是商机。但出乎意料的是，比尔·盖茨想也没想就微笑着对记者说："我觉得人生中最等不及的事，是孝敬父母。"

比尔·盖茨的回答令记者大失所望，但却令我备受感动。我是一位父母宠爱的儿子，也是一位妻子深爱的丈夫，更是一位女儿依赖的父亲。如果有一天，自己出个什么意外，岂不是来不及爱他们了吗？长期以来，因为工作的缘故，我很少顾及父母的感受，很少给予妻子关怀和温暖，也很少陪孩子玩耍和交流。我总觉得人生漫长，以后还有很多很多的机会弥补，可是我完全忽略了，有些事是来不及等待的，一旦失去就再也找不回来，并将成为自己永远的痛。

我一厢情愿地认为父母永远也不会老去，可是随着岁月的流逝，父母脸上的皱纹越来越深，两鬓的头发越来越白，腰板越来越弯曲。父母一天天变老了，这是一个无法回避的现实，至于父母是什么时候变老的，粗心的我全然没有发觉。说实在的，这些年来，自己基本上没能尽到什么孝道。年少时忙于求学交友，无暇关心父

母的生活。长大后忙于工作，忙于应酬，忙于恋爱，父母几乎处于
被遗忘的角落。等到有了家庭、有了事业后，又被房子和车子深深
套牢，孝敬父母更是心有余而力不足。细细想来，与父母相处的日
子屈指可数，能在有生之年好好地侍奉他们，是做儿女的最大的福
分和快乐。

　　我一直以为女儿永远都不会长大，可是一转眼她就成了一名小
学二年级学生，紧接着她还会上初中，上高中，上大学，最后完全
脱离我们的庇护。孩子在家的时间越来越少了，对我们的依恋越来
越淡薄，不再没完没了地缠着我们给她讲故事，她开始有了自己独
立的思考和意识。这时我才猛然发现，原来能陪伴孩子成长的时光
也同样有限，孩子长大了终究是要高飞的，能在这段时间里细心地
呵护她，是做父亲的最大的幸福和快乐。

　　百年修得同船渡，千年修得共枕眠。虽然妻子是与自己在一
起的时光最长的人，但也是最容易被忽略和辜负的人。从走进红地
毯的那一刻开始，她就将自己的一切交给了我，无怨无悔地为这个
家辛勤地忙碌着。能用自己的一生去疼爱她，照顾她，与她相携相
守，白头到老，是做丈夫的最大的幸福和快乐。

　　**子欲养而亲不待，这是一生最大的悲哀。有些事来不及等待，
我们只能尽量地抓住它，珍惜它，用自己全部的爱去浇灌它。**

生活，有时不妨阿 Q 一点

那天，妻买完菜回来递给我五十元钱，让我审一审真假。妻对钱一向不太敏感，每次人家找零给她，回到家她总是会习惯地让我看一看。我接过钱一看，色泽暗淡，表面光滑，百分之百的假钞。"假的！"妻有些惊讶，随即又气愤地骂道："该死的小贩，用假钱蒙人，我找他去。"

我劝妻说："算了，别浪费时间和精力了，谁让你当面不看清，就权当交一次学费吧！"

"算了？五十元，不行！"

我说："那些小贩的流动性很强，你上哪儿去找他呀。就算你运气好找着了，别人会承认吗？肯定不会。"

听了我的劝说，妻仍然难平心头之气，中午饭也没吃就怒气冲冲地出去了，到了下午才耷拉着脑袋回到家。我问，找着了吗？妻摇摇头。晚上，妻依然神色凝重，一句话也不说，脑子里总想着那事。看她那郁闷不堪的样子，哪像丢了五十元钱，简直就如失去了所有的家产。见妻如此，我问："怎么了？还在为那事生气呀！不就五十块钱吗，有什么大不了，你就当是被小偷偷了或是不小心掉了。"

　　我不说则已，一说妻更加难受伤心，她哀叹道："你知道五十块钱能买多少斤白菜，多少棵青菜吗？都怪我当时太粗心，没有瞧仔细，我哪会想到他会找假钱给我呀，要是下次让我逮着了，绝不会轻易饶了他。"

　　妻越说越激动，越说越生气。我继续劝慰说，你不妨换一种想法，比如今天你没得到这五十块假钱，可能你会用这钱给我买一只烤鸭，可能碰巧这只烤鸭不新鲜，结果我吃了后上吐下泻，住进医院，花掉上千元才捡回一条小命。你想，得了这五十块假钱不正好免去了我的灾难吗？经我这样一说妻的心情一下释然了，她感叹说："是啊！五十元钱换回一条命，值得。"说完就将那五十元假钱化为了灰烬。

　　许多烦恼，皆由心生。工作的压力，生活的困扰，情感的纠葛，搅得人生一波未平，一波又起。令我们失落沮丧，痛苦烦躁，抑郁苦闷，严重影响着我们的健康，左右着我们的工作。

　　其实，有时候，我们不妨阿Q一点。当一件事已经发生，或是根本无法挽回，苦闷本身毫无意义，也无济于事。这时，我们倒不如自我安慰，寻求一种心理的平衡，排除不良的情绪，抹去心里的阴影，保持良好的心态，让自己在愉快的环境中度过每一天。

学学孩子解烦恼

　　不久前的一天，因为工作上的小小失误，领导找我谈了一次话。谈话的内容非常简短，领导说："小周啊，你业务一直都很优秀，这次是怎么了？"我刚想解释，领导的电话却响了。他向我挥挥手说："就这样，你先下去吧。"

　　回到办公室，我的心情十分低落，脑海里总想着领导刚刚说的那句话。领导是不是对我有意见了？以前我犯点小错误，领导都是睁只眼闭只眼，装作没看见或没听见，从未单独跟我谈过话。这次领导是不是在暗示我什么呢？我突然想起前几天的一次会议上，领导有一个字念错了，并且反复出现了数次。我有一个不好的习惯，听着别人读错字，心里就难受。尽管我一忍再忍，但最终还是控制不住给领导指了出来。领导会不会因为这件事挟私报复呢？最近单位正在评选先进，我评职称又正好需要这么一个条件。要是因为这事得罪了领导，评选先进的事肯定无望了。对此，我越想心越烦，越想情绪越低落。

　　下午，我闷闷不乐地回到家，什么事也不想干，一个人躺在床上，反反复复地揣摩着领导话里话外的意思。正在我长吁短叹之际，女儿放学回来了，她一进门就嚷着问我要钱。我的心情本来就不好，经她这一烦，我就火了，大声地骂了她几句。女儿觉得委屈，坐在沙发上伤心地哭了起来。我没有理会她，继续想自己的心事。

不知何时女儿已停止了哭泣，打开了电视，津津有味地欣赏起她喜欢的节目。或许电视里正上演着什么有趣的事，女儿看后嘻嘻哈哈地笑个不停。那欢喜快乐的样子，宛若压根儿就没有发生刚才不愉快的事。我很奇怪，几分钟前，她还是一副伤心欲绝的样子，怎么才一会儿的工夫，她就像换了一个人似的，把所有的苦恼都忘得一干二净。从她的脸上我根本无法找到一丝不快乐的痕迹，我甚至有些怀疑刚才自己是否真的责骂过她，是否真的伤害过她的自尊。

看着女儿幸福快乐的表情，我不禁在想，我们成年人为何不能像小孩子一样生活呢？人生在世，不如意的事十有八九。如果总是圄于这种"不如意"之中，终日忧心忡忡，那么生活就失去了应有的光彩。成年人的"恼"，往往是自寻烦恼。生活过于小心谨慎，总是把原本简单的事情想得太复杂，结果滋生出无尽的烦恼。如果我们能像孩子一样善于遗忘，善于发现美好的事物，易于满足，以"平常心"对待生活。不想昨天，也不想明天，只想现在。兴许我们就能在平凡中时时感受到快乐的滋味。

想到这些，我郁结的情绪一下子释然了。我从床上爬起来，开心地陪着女儿一起看电视，玩游戏。

幸福其实很简单

那天，我和几位同事在办公室闲聊，其中一个女同事说："真羡慕某某人，年纪轻轻，就有房有车有存款，哪像我们这些人，工作了大半辈子，还没挣到一套房子，吃穿住行都得省之又省，我们真是太不幸了。"另一位同事接过话茬说："可不是？干我们这个工作就是没意思，胀不死，饿不死，一辈子受苦受穷。你看那些做生意的，穿的是名牌，吃的是山珍，人家那才叫生活，才叫幸福。"尔后，其余同事也纷纷发表了自己的看法，言语间都透露出对现实生活的极度不满。

听完大家的满腹牢骚，声声抱怨，我不禁在想，什么是幸福？怎样才算幸福？难道幸福真的是只属于有钱人的专利吗？

曾读过这样一个故事：在一个风和日丽的午后，一个富翁来到海边度假，发现一个渔夫正躺在沙滩上睡大觉，他不免有些好奇。问渔夫："今天这么好的天气，正是捕鱼的大好时机，你怎么躺在这儿睡大觉呢？"

渔夫说："我已经捕够了今天需要的鱼，所以没事晒晒太阳。"

富翁说："那你为什么不趁天气好再撒几网，捕更多的鱼。"

"捕那么多鱼干什么呢？"渔夫不解地问。

富翁说："那样你就可以在不久的将来买一艘大船。"

"那又怎样呢？"

"你可以雇人到深海去捕鱼。"

"然后呢？"

"你可以办一家鱼品加工厂。"

"然后呢？"

"你可以买更多的船，捕更多的鱼，把加工后的鱼卖到世界各地。"

"然后呢？"

"那你就可以做大老板，再也不用捕鱼了。"

"那我干什么呢？"

"你就可以在沙滩上晒晒太阳，睡睡觉了。"

渔夫说："我现在不就在晒太阳，睡觉吗？"

人的欲望是永无止境的，不管你怎样努力都无法满足。当我们没有房屋遮风避雨时，我们以为只要拥有一间房子，就一定会很幸福。而事实上，当我们真正拥有它时，依然不幸福，因为我们发现拥有的这间房太狭小、太简陋；当我们没有面包时，我们以为只要一日三餐都能吃到香甜的面包，就一定会很幸福。而事实上，当我们真正拥有它时，我们依然不幸福，因为我们发现别人吃的都是大鱼大肉；当我们没有呼风唤雨的权力时，我们以为只要拥有至高无上的权力，就一定会很幸福。而事实上，当我们真正拥有它时，我们依然不幸福，因为我们发现自己身边已没了真诚的朋友。

　　幸福总是喜欢跟我们捉迷藏，当我们满世界寻找它，想要与它紧紧相拥，它躲得远远的，不见一点踪迹。当我们兜了一个大圈子，累了，疲惫了，只想静静地休息，蓦然回首，才惊奇地发现，原来幸福一直就在自己的身边。

　　幸福，其实很简单。正如故事中的渔夫，只要我们换一种心态，换一个角度，拥有现在，幸福即可随处拾得。